"一起学办公"

Excel
高效商务办公一本通

博蓄诚品　编著

U0222962

化学工业出版社

·北京·

内 容 简 介

各种办公软件已成为日常工作、学习中必不可少的工具，其中 Excel 占有重要的一席之地。

本书通过大量的实操案例对 Excel 的操作方法及使用技巧进行了详细的阐述，主要内容包括：Excel 基础操作、数据的编辑和录入、报表的美化、数据的处理与分析、公式与函数的应用、图表的创建与编辑、数据透视表的应用、数据分析工具的使用、宏与 VBA 的应用、报表的打印以及 Office 组件之间的协同应用等。

本书所选案例具有代表性，紧贴实际工作需要；知识讲解通俗易懂，页面版式轻松活泼。同时，本书还配套了丰富的学习资源，主要有同步教学视频、案例源文件及素材、常用办公模板、各类电子书、线上课堂专属福利等。

本书非常适合市场销售、财务会计、人力资源、行政文秘等广大职场人员、Excel 新手、在校师生自学使用，还适合用作大中专院校、职业院校、培训机构相关专业的教材及参考书。

图书在版编目（CIP）数据

Excel 高效商务办公一本通 / 博蓄诚品编著. —北京：化学工业出版社，2021.7（2023.9 重印）

ISBN 978-7-122-38929-9

Ⅰ．①E… Ⅱ．①博… Ⅲ．①表处理软件 Ⅳ.
① TP391.13

中国版本图书馆 CIP 数据核字（2021）第 066555 号

| 责任编辑：耍利娜 | 美术编辑：王晓宇 |
| 责任校对：赵懿桐 | 装帧设计：水长流文化 |

出版发行：化学工业出版社（北京市东城区青年湖南街 13 号　邮政编码 100011）
印　　　装：天津图文方嘉印刷有限公司
710mm×1000mm　1/16　印张 15½　字数 349 千字　2023 年 9 月北京第 1 版第 7 次印刷

购书咨询：010-64518888　　　　　　　　售后服务：010-64518899
网　　址：http://www.cip.com.cn
凡购买本书，如有缺损质量问题，本社销售中心负责调换。

定　　价：69.00 元　　　　　　　　　　　版权所有　违者必究

1. 为什么要学习Excel

曾经有人做过调查"职场中最应该学习的办公软件是什么"，有近六成的人认为，最该学的是Excel。Excel真的有那么重要吗？答案是肯定的。不论你从事什么工作、什么岗位，很多人都接触过Excel。有的人认为Excel很简单，根本不用学，只要打开软件，根据提示操作就可以了。如果你这么想，那就大错特错了！

其实，一开始笔者也是这么想的，所以在大学期间考计算机二级时选择Access，根本没有把Office放在眼里。但毕业后，笔者的第一份工作改变了这种想法。

和大多数职场办公人员一样，笔者的第一份工作也不可避免地用到Excel。一次，笔者从系统中导出一张表格，发现表格中的身份证号码全部显示"3.20321E＋17"这种样式，笔者试着重新输入身份证号码，还是显示错误。后来请教同事，他告诉笔者需要将单元格设置成"文本"格式，那时才意识到，自己只知道Excel中有这个功能，却不知道具体的用法，更别说在实际工作中使用了。

记得有一次，一个同事说要给我们展示一项绝技，就是把所有姓名前的编号，如"001-赵璇""002-王琦""003-周丽"，全部删除掉。只见他右手使用鼠标选择编号"001-"，左手按【Delete】键进行删除，速度非常快！后来笔者对Excel进行深入学习后，才知道使用查找替换功能来实现更快速。而同事只是删除了几十条编号，如果要删除几百甚至上千条，再快的速度也会费上不少工夫。

通过这两段亲身经历，笔者总结出"靠自己不如靠工具"，使用Excel可以帮助我们快速解决复杂的问题，提高工作效率。

2. 选择本书的理由

编写本书并不是为了培养Excel高手，而是让初学者也能够学会并掌握Excel的使用方法。所以本书摒弃了大而全、高而深的理论知识，选择实际工作中最具代表性的案例来介绍Excel的重要知识点，使读者能够快速掌握操作技巧，并学以致用。

此外，本书打破了传统的一步一图形式，选择单图、双图、大图的方式进行呈现，这样不仅布局美观，还可以让读者更加直观、清晰地掌握操作步骤，提高阅读兴趣。

为了加深读者的印象，提高学习效率，本书在每章的末尾安排了"知识地图"，着重对某些Excel知识点进行梳理。

总之，本书是一本通俗易懂、实用性强、操作性强的"授人以渔"之书。

3. 学习本书的方法

（1）有针对性地学习

如果你是Excel小白，建议从Excel基础知识学起，循序渐进，逐渐掌握更多技能。如果你具有一定的Excel基础，建议根据自身情况，选择自己薄弱的环节去学习，弥补短板，这样可以节省时间，提高学习效率。

（2）多动手实践

在学习每个知识点时，千万不能只学不练。俗话说"纸上得来终觉浅"，如果只学习新知识，而不动手实践，会造成学与用的脱节。因此，建议学完某个知识点后，要立即实践，保证将操作技巧熟记于心。

（3）寻找最佳的解决方案

在处理问题时，要学会变换思路，寻找最佳解决方案。在寻求多解的过程中，你会有意想不到的收获。所以，建议读者多角度思考问题，锻炼自己的思考能力，将问题化繁为简，这样可以牢固地掌握所学知识。

（4）要不断学习并养成良好的习惯

Excel入门不难，日后不断学习也很重要。学习任何一种知识，都不可能立竿见影，学习Excel也是如此。因此，建议养成不断学习的好习惯，当你坚持把一本书看完后，会有一种特殊的成就感，这也是学习的动力。

4. 本书的读者对象

- Excel基础薄弱的小白
- 有Excel基础，但不能熟练分析数据的职场人士
- 想要自学Excel的业余爱好者
- 需要提高工作效率的办公人员
- 刚毕业即将踏入职场的大学生
- 大、中专院校以及培训机构的师生

欢迎读者加入"一起学办公"QQ群（群号：693652086），获取本书相关配套学习资源，并与作者、同行一起交流经验。

本书在编写过程中力求严谨细致，但由于时间与精力有限，疏漏之处在所难免，望广大读者批评指正。

编著者

目录

学前预热
了解Excel基本术语 1

第1章 打好Excel基础向前走

1.1 创建图书馆书籍外借表模板 6
　　1.1.1 新建并保存工作簿 6
　　1.1.2 插入新工作表 8
　　1.1.3 隐藏工作表 9
　　1.1.4 设置工作表标签 10
1.2 制作VIP会员信息登记表 11
　　1.2.1 登记会员信息 12
　　1.2.2 选择登记表中的数据 13
　　1.2.3 冻结会员信息登记表 14
　　1.2.4 拆分/隐藏会员信息登记表 16
1.3 保护项目进度表 17
　　1.3.1 将项目进度表转换成PDF格式 17
　　1.3.2 保护项目进度表中的数据 18
　　1.3.3 保护项目进度表中的指定区域 19
　　1.3.4 为项目进度表设置密码保护 21
拓展练习：创建并保护费用报销记录表 22
知识地图 24

第2章 完善数据信息不可缺

2.1 在销售数据统计表中录入数据 26
　　2.1.1 录入销售日期 26

2.1.2　防止录入无效日期 27

2.1.3　录入商品名称 29

2.1.4　录入销售金额型数据 30

2.1.5　快速录入序号 32

2.1.6　输入特殊符号 36

2.2　整理销售数据表中的数据 36

2.2.1　查找书写错误的数据 37

2.2.2　批量替换正确的数据 38

2.2.3　为销售数据表添加注释 40

2.3　编辑采购统计表 41

2.3.1　复制计量单位中的数据 42

2.3.2　移动商品名称数据 43

2.3.3　删除统计表多余的数据 45

拓展练习：制作人口普查登记表 46

知识地图 48

第3章

报表美化不能少

3.1　制作文件夹背脊标签 50

3.1.1　合并单元格 50

3.1.2　设置合适的行高和列宽 51

3.1.3　插入或删除行/列 53

3.1.4　隐藏行或列 54

3.2　设置文件夹背脊标签的格式 55

3.2.1　设置字体格式 55

3.2.2　设置对齐方式 56

3.2.3　调整文本显示方向 57

3.2.4　设置文本换行显示 58

3.2.5　格式刷的应用 59

3.3　制作培训班报名表 60

3.3.1　设置边框效果 60

📹 3.3.2　制作斜线表头 62

📹 3.3.3　设置底纹效果 64

　　3.3.4　套用单元格样式 65

　　3.3.5　套用表格格式 66

📹 **拓展练习: 制作职工食堂一周食谱** 69

　　知识地图 71

数据处理与分析的花样多

4.1　分析房地产月销售报表 73

　　4.1.1　对销售数据进行排序 73

📹 4.1.2　筛选销售数据 77

　　4.1.3　对销售数据执行高级筛选 80

4.2　对管理费用支出明细表进行分类汇总 83

📹 4.2.1　单项分类汇总 83

　　4.2.2　嵌套分类汇总 84

　　4.2.3　复制分类汇总结果 85

4.3　合并计算每月销售报表 86

📹 4.3.1　对多表数据执行合并计算 87

　　4.3.2　创建链接到数据源的合并计算 87

　　4.3.3　修改合并计算的区域 88

4.4　直观分析商品库存表 89

　　4.4.1　突出显示需要补货的库存 89

📹 4.4.2　突出显示重复的库存商品 90

　　4.4.3　用色阶体现库存数量 91

　　4.4.4　用数据条展示期初库存 92

　　4.4.5　图标集的应用 92

📹 **拓展练习: 分析员工销售业绩提成表** 94

　　知识地图 96

第5章 掌握Excel公式与函数要及时

5.1 统计比赛成绩 98

    5.1.1 认识Excel公式 98

    5.1.2 Excel公式中包含哪些运算符 98

    5.1.3 输入公式 100

    5.1.4 编辑公式 101

    5.1.5 复制和填充公式 101

5.2 统计销售业绩 103

    5.2.1 在公式中使用相对引用 103

    5.2.2 在公式中使用绝对引用 104

    5.2.3 在公式中使用混合引用 104

    5.2.4 显示表格中的公式 105

    5.2.5 公式审核功能的应用 106

5.3 统计考核成绩 109

    5.3.1 函数的类型 109

    5.3.2 函数的组成 109

    5.3.3 函数的输入 110

5.4 制作考勤统计表 113

    5.4.1 使用TEXT函数计算星期 113

    5.4.2 使用COUNTIF函数统计出勤情况 114

5.5 制作员工薪资表 114

    5.5.1 使用DATEDIF函数计算工龄 115

    5.5.2 使用IF函数计算工龄工资 116

    5.5.3 使用VLOOKUP函数计算岗位津贴 118

5.6 制作电商销售收入统计表 119

    5.6.1 使用SUM函数计算收入总额 119

    5.6.2 使用SUMIF函数计算销售总数 120

    5.6.3 使用RANK函数计算排名 120

5.7 从员工身份证号码中提取个人信息 121

    5.7.1 使用MID函数提取出生日期 121

    5.7.2 使用MOD函数提取性别 122

    5.7.3 使用YEAR函数提取年龄 122

5.7.4　使用EDATE函数提取退休时间 123

拓展练习: 查询库存商品信息 124

知识地图 126

图表直观展示数据作用大

6.1　制作公司旅游支出图表 128

　　6.1.1　认识Excel图表的类型 128

　　6.1.2　了解图表的主要组成元素 130

　　6.1.3　创建图表 131

　　6.1.4　更改图表类型 132

　　6.1.5　调整图表大小和位置 132

　　6.1.6　切换图表坐标轴数据 133

6.2　制作项目收支利润图表 133

　　6.2.1　添加或删除图表元素 134

　　6.2.2　设置图表标题 135

　　6.2.3　设置数据标签 136

　　6.2.4　编辑图例 137

　　6.2.5　设置坐标轴格式 138

　　6.2.6　调整柱形系列间距 139

　　6.2.7　设置系列填充 139

6.3　制作流量来源分析图表 141

　　6.3.1　旋转扇区角度 142

　　6.3.2　设置分离饼图 142

　　6.3.3　设置饼图背景 143

　　6.3.4　设置饼图样式 144

6.4　创建销售分析迷你图 146

　　6.4.1　创建迷你图 146

　　6.4.2　更改迷你图 147

　　6.4.3　编辑迷你图 148

　　6.4.4　美化迷你图 149

　　6.4.5　删除迷你图 150

拓展练习: 制作公众号后台粉丝变化动态图表 150

知识地图 152

全方位动态分析数据不简单

7.1 创建产品抽检数据透视表 154

    7.1.1   创建数据透视表 154

    7.1.2   添加和移动字段 155

    7.1.3   修改字段名称 157

    7.1.4   展开与折叠活动字段 158

    7.1.5   组合字段 160

    7.1.6   修改数据透视表布局 160

    7.1.7   美化数据透视表 161

7.2 分析网店销售数据透视表 162

    7.2.1   值字段设置 163

    7.2.2   添加计算字段 164

    7.2.3   排序字段 165

    7.2.4   筛选字段 166

7.3 创建抖音账号运营数据透视图 167

    7.3.1   创建数据透视图 168

    7.3.2   在数据透视图中执行筛选 169

拓展练习: 制作生产订单数据透视表 170

知识地图 171

数据分析工具要学会

8.1 计算不同汇率下的交易额 173

    8.1.1   单变量模拟运算 173

    8.1.2   双变量模拟运算 175

8.2 计算产品分配花费的最小总运费 176

    8.2.1   加载规划求解 176

    8.2.2   建立规划求解模型 177

第 **7** 章

第 **8** 章

8.2.3　使用规划求解 ……………………………… 178

8.3　分析工具库的安装和使用 …………………… 179

8.3.1　分析工具库简介 …………………………… 179

8.3.2　安装分析工具库 …………………………… 179

8.3.3　相关系数 …………………………………… 180

8.3.4　描述统计 …………………………………… 181

8.3.5　直方图 ……………………………………… 182

拓展练习: 使用移动平均预测销售额 …………… 183

知识地图 ……………………………………… 184

第9章 快速入门宏与VBA看过来

9.1　VBA的开发环境和基本编程步骤 …………… 186

9.1.1　启动VBA编辑器 …………………………… 186

9.1.2　熟悉VBA工作环境 ………………………… 187

9.1.3　编写VBA程序 ……………………………… 188

9.1.4　使用控件执行VBA程序 …………………… 188

9.2　录制宏自动设置数据格式 …………………… 189

9.2.1　录制宏并执行宏 …………………………… 190

9.2.2　查看和编辑宏 ……………………………… 191

9.2.3　保存宏工作簿 ……………………………… 191

9.3　制作入库登记窗体 …………………………… 192

9.3.1　创建入库登记窗体 ………………………… 192

9.3.2　在窗体中添加控件 ………………………… 193

9.3.3　为窗体设置初始化程序 …………………… 194

拓展练习: 制作密码登录窗体 …………………… 195

知识地图 ……………………………………… 199

第10章 打印报表技巧多

10.1　打印文件夹背脊标签 ……………………… 201

10.1.1　页面纸张大小和方向 …………………… 201

10.1.2　设置页面边距 201

10.1.3　页面居中打印 202

10.1.4　页面缩放打印 202

10.2　打印疫情期访客登记表 203

10.2.1　为登记表添加页眉页脚 203

10.2.2　分页打印登记表 206

10.2.3　重复显示标题行 206

10.2.4　设置黑白打印 206

10.2.5　仅打印指定数据 207

拓展练习: 制作并打印员工薪资条 208

知识地图 211

协同办公效率高

11.1　Excel与Word协作应用 213

11.1.1　Excel表格完美导入Word 213

11.1.2　Word数据导入Excel 213

11.1.3　在Word中插入Excel数据表 214

11.2　Excel与PowerPoint协作应用 215

11.2.1　将Excel图表导入PPT 215

11.2.2　将Excel表格导入PPT 216

拓展练习: 在PPT中创建图表 217

知识地图 218

附录

附录A　常用Excel快捷键一览 220

附录B　实用的Excel函数速查 222

学前预热|了解Excel基本术语

在开始学习本书之前, 需要先了解一些Excel软件的常用术语, 以便能够顺利地进入学习状态, 提高学习效果。

双击Excel软件图标, 随即会打开Excel软件的操作界面。该界面包含快速访问工具栏、标题栏、功能区、编辑区以及状态栏这5个部分。此外, Excel也有自己独特的功能术语, 例如名称框、活动单元格、公式编辑栏、行号、列标、工作表标签等, 如下图所示。

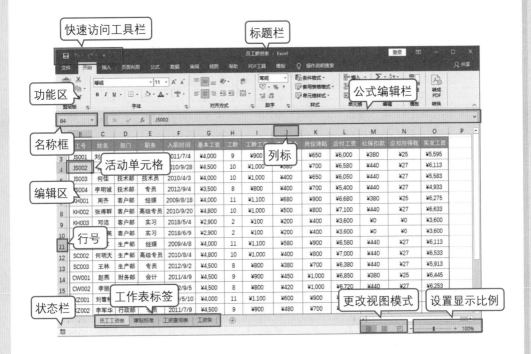

（1）工作簿

工作簿是指存储数据的Excel文件, 在标题栏中会显示当前工作簿的名称。新建工作簿后, 系统会默认以"工作簿1、工作簿2、工作簿3……"名称来命名。

默认情况下新建的工作簿中会包含3张工作表, 读者可根据需求新建工作表。一个工作簿中最多可包含255张工作表。

（2）工作表

工作表是由1048576×16384个单元格组成, 默认是以"Sheet1、Sheet2、Sheet3……"名称进行命名。单击工作表标签可实现工作表之间的切换操作。

（3）单元格

单元格是Excel中行与列的交叉部分，它是组成表格的最小单位。单元格是按照所在行与列的位置来命名。例如，C10单元格指的是C列与第10行相交的单元格，如下图所示。在单元格中可以输入字符串、数字、公式等不同类型的内容。

	工号	姓名	部门	职务	入职时间	基本工资	工龄	工龄工资	绩效奖金	岗位津贴	应付工资
3	JS001	刘小强	技术部	技术员	2011/7/4	¥4,000	9	¥900	¥450	¥650	¥6,000
4	JS002	张诚	技术部	专员	2010/9/28	¥4,500	10	¥1,000	¥380	¥700	¥6,580
5	JS003	何佳	技术部	技术员	2010/4/3	¥4,000	10	¥1,000	¥400	¥650	¥6,050
6	JS004	李明诚	技术部	专员	2012/9/4	¥3,500	8	¥800	¥400	¥700	¥5,400
7	KH001	周齐	客户部	经理	2009/8/18	¥4,000	11	¥1,100	¥680	¥900	¥6,680
8	KH002	张得群	客户部	高级专员	2010/9/20	¥4,800	10	¥1,000	¥500	¥800	¥7,100
9	KH003	邓洁	客户部	实习	2018/5/4	¥2,900	2	¥100	¥200	¥400	¥3,600
10	KH004	舒小英	客户部	实习	2018/6/9	¥2,900	2	¥100	¥200	¥400	¥3,600
11	SC001	李军	生产部	经理	2009/4/8	¥4,000	11	¥1,100	¥580	¥900	¥6,580
12	SC002	何明天	生产部	高级专员	2010/8/4	¥4,800	10	¥1,000	¥400	¥800	¥7,000
13	SC003	王林	生产部	专员	2012/9/2	¥4,500	8	¥800	¥380	¥700	¥6,380
14	CW001	赵燕	财务部	会计	2011/4/9	¥4,500	9	¥900	¥450	¥1,000	¥6,850

员工工资表 | 津贴标准 | 工资查询表 | 工资条

（4）单元格区域

单元格区域是指多个单元格组成的一个区域。例如，C3:G10单元格区域如下图所示。

	工号	姓名	部门	职务	入职时间	基本工资	工龄	工龄工资	绩效奖金	岗位津贴	应付工资
3	JS001	刘小强	技术部	技术员	2011/7/4	¥4,000	9	¥900	¥450	¥650	¥6,000
4	JS002	张诚	技术部	专员	2010/9/28	¥4,500	10	¥1,000	¥380	¥700	¥6,580
5	JS003	何佳	技术部	技术员	2010/4/3	¥4,000	10	¥1,000	¥400	¥650	¥6,050
6	JS004	李明诚	技术部	专员	2012/9/4	¥3,500	8	¥800	¥400	¥700	¥5,400
7	KH001	周齐	客户部	经理	2009/8/18	¥4,000	11	¥1,100	¥680	¥900	¥6,680
8	KH002	张得群	客户部	高级专员	2010/9/20	¥4,800	10	¥1,000	¥500	¥800	¥7,100
9	KH003	邓洁	客户部	实习	2018/5/4	¥2,900	2	¥100	¥200	¥400	¥3,600
10	KH004	舒小英	客户部	实习	2018/6/9	¥2,900	2	¥100	¥200	¥400	¥3,600
11	SC001	李军	生产部	经理	2009/4/8	¥4,000		¥1,100	¥580	¥900	¥6,580
12	SC002	何明天	生产部	高级专员	2010/8/4	¥4,800	10	¥1,000	¥400	¥800	¥7,000
13	SC003	王林	生产部	专员	2012/9/2	¥4,500	8	¥800	¥380	¥700	¥6,380
14	CW001	赵燕	财务部	会计	2011/4/9	¥4,500	9	¥900	¥450	¥1,000	¥6,850

员工工资表 | 津贴标准 | 工资查询表 | 工资条

（5）行号、列标

Excel行号用数字标识，每张工作表可包含1048576行；列标用字母来标识，每张工作表可包含16384列。

（6）名称框、编辑栏

名称框显示所选单元格的名称。此外，利用名称框可快速定位相应单元格区域。编辑栏用于输入和显示公式或函数等内容。

（7）Excel公式

公式就是以"＝"开始的一组运算等式。Excel公式通常由"等号""运算符""单元格引用""函数""数字常量"等组成，如下图所示。

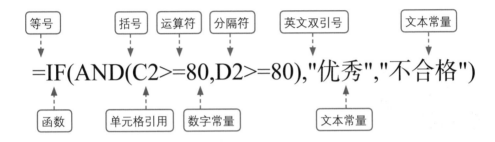

（8）Excel函数

在Excel中，函数实际上是预先定义的特定计算公式。按照这个特定的计算公式对一个或多个参数进行计算，并得出一个或多个计算结果，叫做函数值。

（9）数组

数组是指有序的元素序列，元素可以是数值、文本、日期、错误值、逻辑值等。数组又分为常量数组、区域数组和内存数组三类。常量数组将一组给定的常量用作某个公式中的参数；区域数组是一个矩形的单元格区域，该区域中的单元格共用一个公式；内存数组实际上包含常量数组，但它主要指某个公式的计算结果是数组，且作为整体嵌入其他公式中继续参与计算。

（10）常量

常量是直接输入单元格或公式中的数字或文本值，或由名称所代表的数字或文本值。例如，日期"2021/8/1"、数字"120"和文本都是常量。公式或由公式得出的数值都不是常量。

（11）单元格引用

用于表示单元格在工作表所处位置的坐标值。例如，显示在第A列和第1行交叉处的单元格，其引用形式为"A1"（相对引用）、"$A$1"（绝对引用）和"$A1"（混合引用）。

（12）嵌套函数

所谓嵌套函数，是指在某些情况下，可能需要将某函数作为另一函数的参数使用。

（13）VBA

VBA是Visual Basic for Applications的缩写，是内嵌于Office软件中的一个开发模块，这个模块提供程序自主开发，语言基础和VB（Visual Basic）相似。Excel VBA最核心的开发工具是VBA编辑器。代码的编写、调试、测试、运行、组织等，都是在VBA编辑器中进行的。

（14）宏

宏是在Excel中可以重复执行的一系列操作。宏就是用VBA编写的，但是可以通过录制的方法制作宏。做好的宏可以查看相应的VBA语句，从而反过来学习VBA。

第 1 章

打好Excel基础
向前走

　　众所周知，Excel的功能很强大。如何才能做到得心应手地使用Excel呢？这恐怕要下点功夫学习一番啦。如果连工作簿的隐藏/取消隐藏这样的操作都要上网搜索的话，那可以说真的是"零起步"。因此，打好基本功，才是迈入Excel大门的关键。

1.1 创建图书馆书籍外借表模板

图书馆将书籍外借时，需要制作书籍外借表，来记录借书人员的姓名、联系方式、书名、出借日期、还书日期等信息，如图1-1所示。下面就通过制作图书馆书籍外借表来介绍如何新建并保存工作簿、插入新工作表、隐藏工作表、设置工作表标签等。

	B	C	D	E	F	G	H
2	学生	联系人电子邮件	联系人电话	书名	出借日期	还书日期	天
3	柏隼	someone@example.com	010-86551122	草原上的小木屋	2021/1/14	2021/1/21	7
4	何石	someone@example.com	010-87451236	夏洛特的网	2021/2/15	2021/2/18	3
5	孔西明	someone@example.com	010-22114578	神奇的收费亭	2021/2/17	2021/2/22	5
6	翁捷生	someone@example.com	010-56874452	弗里斯比夫人和尼姆老鼠们	2021/2/17	2021/2/25	8
7	康霓	someone@example.com	010-55447788	玛蒂尔达	2021/2/18	2021/2/28	10
8	茅彩	someone@example.com	010-41235874	纳尼亚传奇	2021/1/23		-9
9	林媚卉	someone@example.com	010-23658412	黑鸟湖畔的女巫	2021/1/14		0

图1-1

1.1.1 新建并保存工作簿

用户可以新建空白工作簿，也可以新建模板工作簿并将其保存。

（1）新建工作簿

① 新建空白工作簿。在桌面上双击Excel图标，在打开的界面中单击"空白工作簿"选项，如图1-2所示，即可创建一个空白"工作簿1"，如图1-3所示。

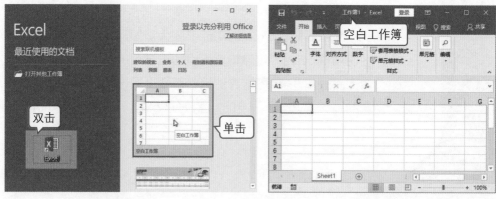

图1-2   图1-3

② 新建模板工作簿。在Excel界面的搜索框中输入需要新建的模板名称，这里输入"书

籍外借表",如图1-4所示,按【Enter】键确认。

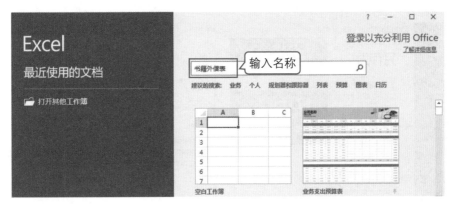

图1-4

在弹出的"新建"界面中显示搜索结果,单击"图书馆书籍外借表",如图1-5所示。在弹出的界面中单击"创建"按钮,如图1-6所示,即可创建一个图书馆书籍外借表模板。

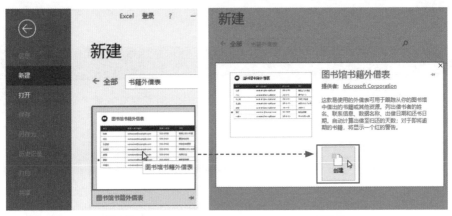

图1-5   **图1-6**

经验之谈

用户在桌面上单击鼠标右键,从弹出的快捷菜单中选择"新建"选项,并从其级联菜单中选择"Microsoft Excel 工作表"命令,也可以新建一个空白工作簿,如图1-7所示。

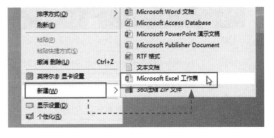

图1-7

（2）保存工作簿

新建工作簿后,在其上方单击"保存"按钮,或单击"文件"按钮,选择"另存为"选项,在右侧单击"浏览"按钮,如图1-8所示。打开"另存为"对话框,从中设置保存位置和文件名,单击"保存"按钮即可,如图1-9所示。

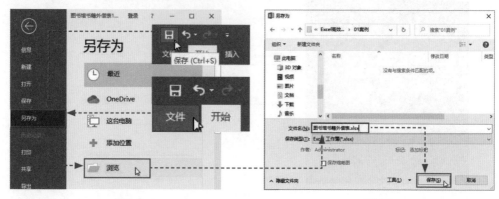

图1-8   图1-9

 注意 事项 对于已经保存过的工作簿,用户修改工作簿中的内容后,直接按【Ctrl+S】组合键保存修改即可。

1.1.2   插入新工作表

默认情况下,工作簿中只有一个工作表,用户可以根据需要插入新的工作表。

方法一   单击"新工作表"按钮插入

在工作簿中单击"新工作表"按钮,如图1-10所示,即可快速插入一个新工作表,如图1-11所示。

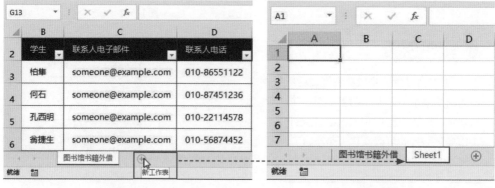

图1-10   图1-11

方法二   使用"插入"命令插入

选择工作表,单击鼠标右键,从弹出的快捷菜单中选择"插入"命令,弹出"插入"对话框,在"常用"选项卡中选择"工作表"选项,单击"确定"按钮即可,如图1-12所示。

图1-12

此外,打开工作簿,在"开始"选项卡中单击"插入"下拉按钮,从列表中选择"插入工作表"选项,如图1-13所示。或按【Shift+F11】组合键,也可以快速插入一个新工作表。

图1-13

经验之谈

如果用户想要删除多余的工作表,则可以选择工作表,单击鼠标右键,从弹出的快捷菜单中选择"删除"命令即可,如图1-14所示。

图1-14

1.1.3 隐藏工作表

当工作簿中有多个工作表时,用户可以将不需要的工作表隐藏起来,等到需要查看或编辑时再将其显示出来。

选择工作表，单击鼠标右键，从弹出的快捷菜单中选择"隐藏"命令，如图1-15所示，即可将所选工作表隐藏起来，如图1-16所示。

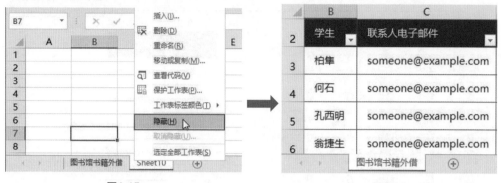

图1-15   图1-16

经验之谈

如果需要显示工作表，则选中其他任意工作表，单击鼠标右键，在弹出的快捷菜单中选择"取消隐藏"命令，在打开的"取消隐藏"对话框中，选择需要显示的工作表，单击"确定"按钮即可，如图1-17所示。

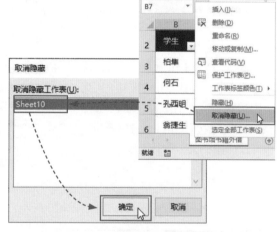

图 1-17

1.1.4　设置工作表标签

工作表标签是显示工作表名称的区域。每个工作表有一个名字，工作表的名称显示在工作表标签上。用户可以重命名工作表，或设置工作表标签颜色。

（1）重命名工作表

选择工作表，单击鼠标右键，从弹出的快捷菜单中选择"重命名"命令，如图1-18所示。工作表标签处于可编辑状态，在其中输入新名称，按【Enter】键确认即可，如图1-19所示。

经验之谈

用户双击需要重命名的工作表标签，也可以修改工作表的名称。

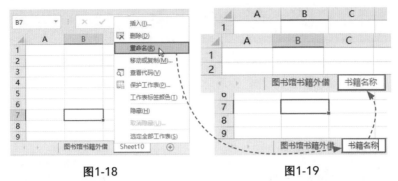

图1-18　　　　　　　　　　　　　图1-19

（2）设置工作表标签颜色

选择工作表，单击鼠标右键，从弹出的快捷菜单中选择"工作表标签颜色"命令，并从其级联菜单中选择合适的颜色即可，如图1-20所示。此时，选择其他工作表，可以看到为工作表标签设置的颜色，如图1-21所示。

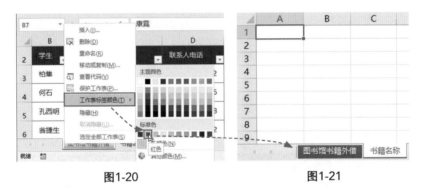

图1-20　　　　　　　　　　　　　图1-21

1.2　制作VIP会员信息登记表

日常生活中，总会见到各种各样的登记表。这些表主要是用于收集信息，便于跟踪调查和回访，如图1-22所示。下面通过制作VIP会员信息登记表来介绍如何切换单元格、选择表格中的数据、冻结窗格、拆分/隐藏窗口、重排视图窗口等。

	B	C	D	E	F	G	H	I	J
1	会员编号	客户姓名	性别	出生日期	手机号码	QQ或微信	注册时间	会员等级	生日提醒
2	100151	王晓	女	1996/12/4	157****1492	147258369	2020/12/4	A	12月4日
3	100152	赵璇	女	1992/4/5	151****2258	563241531	2020/8/17	B	4月5日
4	100153	吴岩	男	1993/8/10	155****5874	784521361	2020/5/15	B	8月10日
5	100154	刘佳	女	1990/10/11	159****3698	741236985	2020/6/15	A	10月11日
6	100155	孙泽	男	1991/5/15	187****4785	112356201	2020/5/24	B	5月15日
7	100156	马宇	男	1994/4/20	157****5748	369874521	2020/7/19	A	4月20日
8	100157	李媛	女	1993/3/17	151****1145	201036951	2020/8/18	B	3月17日
9	100158	周丽	女	1996/1/12	155****2104	745621036	2020/6/20	A	1月12日
10	100159	徐萌	女	1995/5/26	159****8749	458796520	2020/5/14	A	5月26日
11	100160	郑涛	男	1990/7/20	157****7461	743269874	2020/9/10	B	7月20日

图1-22

1.2.1　登记会员信息

用户制作好会员信息登记表的框架后,需要在其中登记客户信息,例如登记会员编号、客户姓名、性别、出生日期、手机号码、注册时间等。

选择B2单元格,输入会员编号"100151",如图1-23所示。然后在键盘上按向右的箭头【→】,跳转到C2单元格,输入客户姓名,如图1-24所示。

	B	C	D	E
1	会员编号	客户姓名	性别	出生日期
2	100151			
3				
4				
5				
6				
7				
8				
9				

图1-23

	B	C	D	E
1	会员编号	客户姓名	性别	出生日期
2	100151	王晓		
3				
4				
5				
6				
7				
8				
9				

图1-24

按照上述方法,输入性别、出生日期、手机号码、QQ或微信、注册时间、会员等级、生日提醒,如图1-25所示。

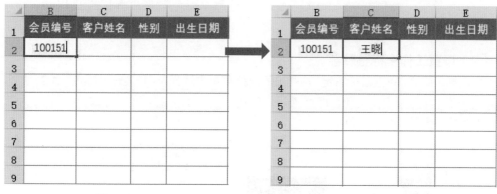

	B	C	D	E	F	G	H	I	J	K
1	会员编号	客户姓名	性别	出生日期	手机号码	QQ或微信	注册时间	会员等级	生日提醒	
2	100151	王晓	女	1996/12/4	157****1492	147258369	2020/12/4	A	12月4日	
3										

图 1-25

注意:默认情况下,在B2单元格中输入会员编号"100151",如图1-26所示。按【Enter】键确认输入,光标会向下移到B3单元格,如图1-27所示。

	B	C	D	E
1	会员编号	客户姓名	性别	出生日期
2	100151			
3				
4				
5				
6				

图1-26

	B	C	D	E
1	会员编号	客户姓名	性别	出生日期
2	100151			
3				
4				
5				
6				

图1-27

如果用户希望按下【Enter】键时,光标向右移到C2单元格,则需要单击"文件"按钮,选择"选项"选项,打开"Excel选项"对话框,选择"高级"选项,在"编辑选项"区域单击

"方向"下拉按钮,从列表中选择"向右"选项,如图1-28所示,单击"确定"按钮即可。此时,在B2单元格中输入内容后,按【Enter】键确认,光标自动向右移动至C2单元格,如图1-29所示。

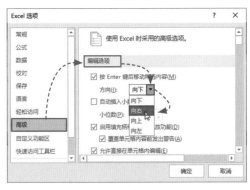

图 1-28　　　　　　　　　　　　图 1-29

1.2.2 选择登记表中的数据

在表格中输入数据后,如果需要对数据进行其他设置,则要先选择数据。

（1）选择全部数据

选择表格中任意单元格,按【Ctrl+A】组合键,即可选择表格中的全部数据,如图1-30所示。

会员编号	按【Ctrl+A】		手机号码	QQ或微信	注册时间	会员等级	生日提醒
100151			157****1492	147258369	2020/12/4	A	12月4日
100152	赵曦	女	1992/4/5	151****2258	563241531	2020/8/17	B	4月5日
100153	吴岩	男	1993/8/10	155****5874	784521361	2020/5/15	B	8月10日
100154	刘佳	女	1990/10/11	159****3698	741236985	2020/6/15	A	10月11日
100155	孙泽	男	1991/5/15	187****4785	112356201	2020/5/24	B	5月15日
100156	马宇	男	1994/4/20	157****5748	369874521	2020/7/19	A	4月20日
100157	李媛	女	1993/3/17	151****1145	201036951	2020/8/18	B	3月17日

图 1-30

（2）选择某一数据区域

① 使用【Shift】键。选择B2单元格,按住【Shift】键不放,然后选择F5单元格,即可选择B2:F5单元格区域中的数据,如图1-31所示。

会员编号	客户姓名	性别	出生日期	手机号码	QQ或微信	注册时间
100151	王晓	女	1996/12/4	157****1492	147258369	2020/12/4
100152	赵曦	女	1992/4/5	151****2258	563241531	2020/8/17
100153	吴岩	男	1993/8/10	155****5874	784521361	2020/5/15
100154	刘佳	女	1990/10/11	159****3698	按【Shift】	20/6/15
100155	孙泽	男	1991/5/15	187****4785	112356201	2020/5/24
100156	马宇	男	1994/4/20	157****5748	369874521	2020/7/19

② 使用【Ctrl】键。选择B2:D5单元格区域,按住【Ctrl】键不放,然后选择G2:H5单元格区域,即可将这两个单元格区域中的数据选中,如图1-32所示。

会员编号	客户姓名	性别	出生日期	手机号码	QQ或微信	注册时间	会员等级
100151	王晓	女	1996/12/4	157****1492	147258369	2020/12/4	A
100152	赵曦	女	199	按【Ctrl】		563241531	2020/8/17	B
100153	吴岩	男	1993/8/10	155****5874	784521361	2020/5/15	B
100154	刘佳	女	1990/10/11	159****3698	741236985	2020/6/15	A
100155	孙泽	男	1991/5/15	187****4785	112356201	2020/5/24	B
100156	马宇	男	1994/4/20	157****5748	369874521	2020/7/19	A

图 1-32

▶扫一扫 看视频◀

③ 使用名称框。在表格左上角的名称框中输入C2:F6，如图1-33所示。按【Enter】键确认，即可将C2:F6单元格区域中的数据选中，如图1-34所示。

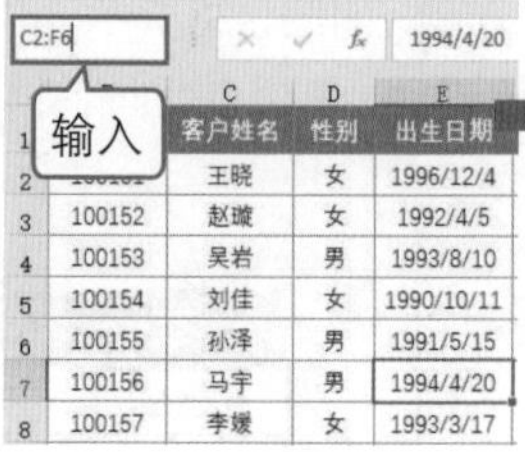

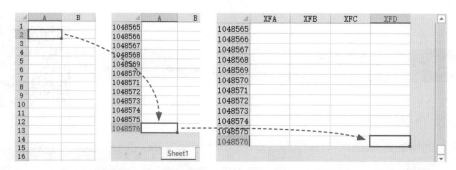

图1-33

图1-34

选择一个空白单元格，按【Ctrl+↓】组合键，可以快速跳转到最底端的单元格，如图1-35所示。按【Ctrl+→】组合键，可以快速跳转到最右端的单元格，如图1-36所示。

图1-35

图1-36

1.2.3 冻结会员信息登记表

▶扫一扫 看视频◀

如果表格中的数据过多，为了方便浏览数据，可以将表格中的第1行标题固定住，无论向下翻多少行，始终保持标题可见。

选择表格中任意单元格，在"视图"选项卡中单击"冻结窗格"下拉按钮，从列表中选择"冻结首行"选项，如图1-37所示。

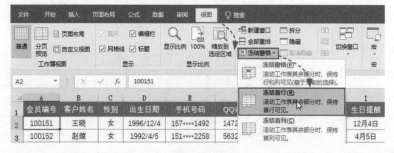

图 1-37

此时,向下查看数据时,第1行标题始终保持可见状态,如图1-38所示。

	A	B	C	D	E	F	G	H	I
1	会员编号	客户姓名	性别	出生日期	手机号码	QQ或微信	注册时间	会员等级	生日提醒
8	100157	李媛	女	1993/3/17	151****1145	201036951	2020/8/18	B	3月17日
9	100158	周丽	女	1996/1/12	155****2104	745621036	2020/6/20	A	1月12日
10	100159	徐萌	女	1995/5/26	159****8749	458796520	2020/5/14	A	5月26日
11	100160	郑涛	男	1990/7/20	157****7461	743269874	2020/9/10	B	7月20日

图 1-38

同样,如果想要固定第1列,则在"冻结窗格"列表中选择"冻结首列"选项即可,如图1-39所示。

	A	D	E	F	G	H	I
1	会员编号	出生日期	手机号码	QQ或微信	注册时间	会员等级	生日提醒
2	100151	1996/12/4	157****1492	147258369	2020/12/4	A	12月4日
3	100152	1992/4/5	151****2258	563241531	2020/8/17	B	4月5日
4	100153	1993/8/10	155****5874	784521361	2020/5/15	B	8月10日
5	100154	1990/10/11	159****3698	741236985	2020/6/15	A	10月11日
6	100155	1991/5/15	187****4785	112356201	2020/5/24	B	5月15日
7	100156	1994/4/20	157****5748	369874521	2020/7/19	A	4月20日

图 1-39

如果不再需要固定,则在"冻结窗格"列表中选择"取消冻结窗格"选项即可,如图1-40所示。

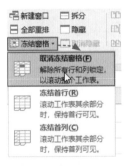

图 1-40

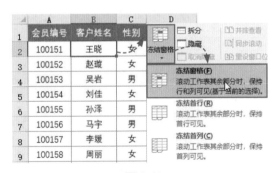

图 1-41

经验之谈

　　如果用户想要将第1行和第1列同时固定住,则可以选择B2单元格,在"冻结窗格"列表中选择"冻结窗格"选项即可,如图1-41所示。此时第1行和A列就被冻结住了,如图1-42所示。

	A	G	H	I
1	会员编号	注册时间	会员等级	生日提醒
5	100154	2020/6/15	A	10月11日
6	100155	2020/5/24	B	5月15日
7	100156	2020/7/19	A	4月20日
8	100157	2020/8/18	B	3月17日
9	100158	2020/6/20	A	1月12日
10	100159	2020/5/14	A	5月26日
11	100160	2020/9/10	B	7月20日

图1-42

1.2.4 拆分 / 隐藏会员信息登记表

用户可以将现有窗口拆分为多个大小可调的工作表来查看数据，或者将窗口隐藏起来。

经验之谈

如果想要取消窗口拆分，则需要再次单击"拆分"按钮即可。

（1）拆分窗口

选择表格中任意单元格，在"视图"选项卡中单击"拆分"按钮，即可将当前表格区域沿着所选单元格左边框和上边框的方向拆分为4个窗格，如图1-43所示。用户可以单独在每个窗格中查看数据。

图 1-43

（2）隐藏窗口

在"视图"选项卡中单击"隐藏"按钮，即可将当前窗口隐藏起来，如图1-44所示。如果想要重新显示该窗口，则单击"取消隐藏"按钮即可。

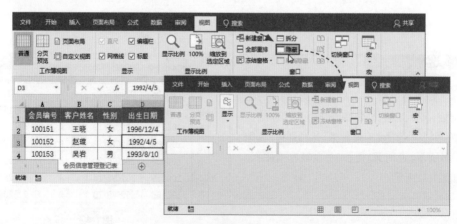

图 1-44

用户可以对打开的窗口进行重排，以便一次查看所有窗口。打开"视图"选项卡，单击"全部重排"按钮，打开"重排窗口"对话框，从中选择一种合适的排列方式，这里选择"层叠"单选按钮，单击"确定"按钮即可，如图1-45所示。

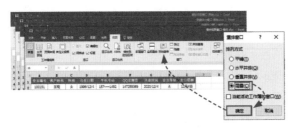

图1-45

1.3 保护项目进度表

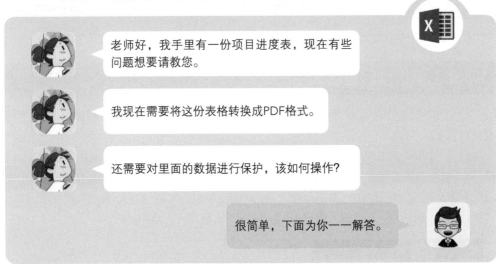

老师好，我手里有一份项目进度表，现在有些问题想要请教您。

我现在需要将这份表格转换成PDF格式。

还需要对里面的数据进行保护，该如何操作?

很简单，下面为你一一解答。

1.3.1 将项目进度表转换成 PDF 格式

将表格转换成PDF格式，既方便传阅，又可以保护其中的数据。打开项目进度表，单击"文件"按钮，选择"导出"选项，在"导出"界面选择"创建PDF/XPS文档"选项，并在右侧单击"创建PDF/XPS"按钮，如图1-46所示。打开"发布为PDF或XPS"对话框，选择保存位置后，单击"发布"按钮，如图1-47所示。

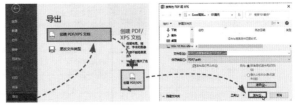

图1-46　　　　　　　　图1-47

此时，系统自动打开转换成PDF的项目进度表，如图1-48所示。

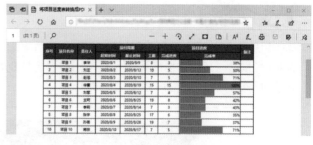

图 1-48

> **经验之谈**
>
> 用户也可以单击"文件"按钮，选择"另存为"选项，在"另存为"界面单击"浏览"按钮，如图1-49所示。打开"另存为"对话框，单击"保存类型"下拉按钮，从列表中选择"PDF"选项，如图1-50所示。单击"保存"按钮，可以将其另存为PDF格式。

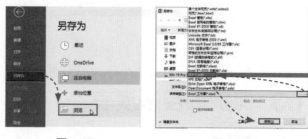

图 1-49   图 1-50

1.3.2 保护项目进度表中的数据

如果用户只希望他人查看表格中的数据，而不能修改其中的数据，则可以对项目进度表进行保护。

打开"审阅"选项卡，单击"保护工作表"按钮，如图1-51所示。打开"保护工作表"对话框，在"取消工作表保护时使用的密码"文本框中输入密码"123"，然后在"允许此工作表的所有用户进行"列表框中，取消所有选项的勾选，单击"确定"按钮，如图1-52所示。弹出"确认密码"对话框，重新输入密码，单击"确定"按钮即可，如图1-53所示。

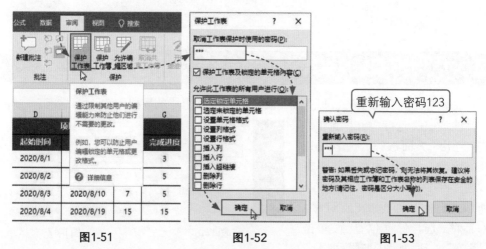

图1-51   图1-52   图1-53

此时，用户无法选中表格中的数据，如果修改数据，则会弹出一个提示对话框，提示"若要进行更改，请取消工作表保护"，如图1-54所示。

图 1-54

经验之谈

如果想要取消工作表的保护，则直接单击"撤消工作表保护"按钮，如图1-55所示。在弹出的"撤消工作表保护"对话框中输入设置的密码，单击"确定"按钮即可，如图1-56所示。

图 1-55

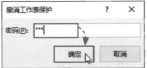

图 1-56

▶扫一扫　看视频◀

1.3.3　保护项目进度表中的指定区域

在项目进度表中，如果用户不希望他人随意更改起始时间、截止时间、工期、完成进度和完成率，则可以对这几个区域进行保护。

选择A3:C12和I3:I12单元格区域，按【Ctrl+1】组合键，打开"设置单元格格式"对话框，在"保护"选项卡中取消勾选"锁定"复选框，单击"确定"按钮，如图1-57所示。

打开"审阅"选项卡，单击"允许编辑区域"按钮，如图

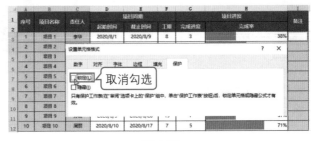

图 1-57

1-58所示。打开"允许用户编辑区域"对话框，从中单击"新建"按钮，如图1-59所示。

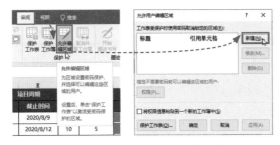

图 1-58　　　　图 1-59

19

弹出"新区域"对话框,在"标题"文本框中输入区域名称,单击"确定"按钮,如图1-60所示。返回"允许用户编辑区域"对话框,单击"保护工作表"按钮,如图1-61所示。

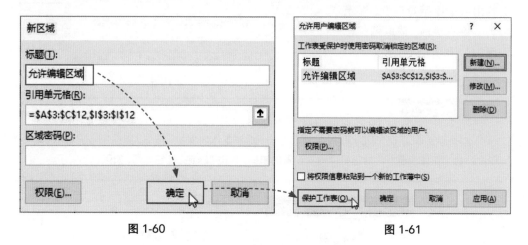

图 1-60   图 1-61

打开"保护工作表"对话框,在"取消工作表保护时使用的密码"文本框中输入密码,在"允许此工作表的所有用户进行"列表框中取消对"选定锁定单元格"复选框的勾选,单击"确定"按钮,弹出"确认密码"对话框,重新输入密码,单击"确定"按钮即可,如图1-62所示。

此时,用户可以修改A3:C12和I3:I12单元格区域中的数据,不能修改其他区域中的数据,如图1-63所示。

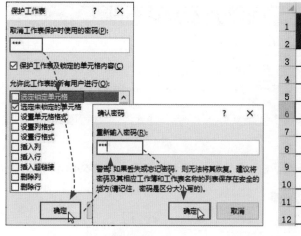

图 1-62   图 1-63

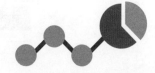

1.3.4 为项目进度表设置密码保护

如果用户不希望他人打开项目进度表查看其中的数据,则可以为其设置密码保护。

单击"文件"按钮,选择"信息"选项,在"信息"界面单击"保护工作簿"下拉按钮,从列表中选择"用密码进行加密"选项,如图1-64所示。打开"加密文档"对话框,在"密码"文本框中输入密码"123",单击"确定"按钮,弹出"确认密码"对话框,重新输入密码,单击"确定"按钮,如图1-65所示。

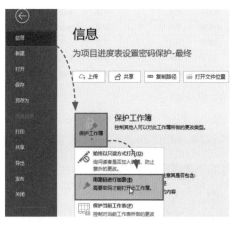

图1-64

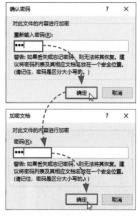

图1-65

保存工作簿后,用户再次打开该工作簿,会弹出一个"密码"对话框,如图1-66所示。只有输入正确的密码,才能打开该工作簿。

经验之谈

如果用户想要取消设置的密码保护,则在"保护工作簿"列表中选择"用密码进行加密"选项,打开"加密文档"对话框,从中删除设置的密码,单击"确定"按钮即可,如图1-67所示。

图 1-66

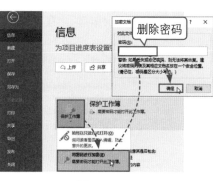

图 1-67

拓展练习：创建并保护费用报销记录表

有时财务人员需要制作费用报销记录表，如图1-68所示，记录各部门的费用报销情况，以便后续财务报表的登记。为了防止其他人对工作簿的结构进行更改，需要对其进行保护。

序号	日期	费用项目	报销金额	报销部门	报销人	票据张数	财务审核	领导审核	是否报销	备注
1	2020/11/27	差旅费	1200	销售部	刘琦	5	李媛	徐振	是	
2	2020/11/27	办公费	600	行政部	王晓	6	李媛	徐振	否	
3	2020/11/28	招待费	800	销售部	周佳	7	李媛	徐振	是	
4	2020/12/8	办公费	500	行政部	赵敏	3	李媛	徐振	是	
5	2020/12/25	差旅费	1000	销售部	刘霁	2	李媛	徐振	否	

图 1-68

`Step` **01** 在桌面上单击"开始"按钮，从弹出的面板中单击Excel图标，如图1-69所示。然后在打开的界面中单击"空白工作簿"选项，如图1-70所示。

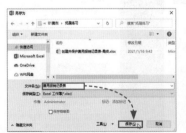

图 1-69

图 1-70

`Step` **02** 新建一个空白工作簿，单击"保存"按钮，在弹出的"另存为"界面单击"浏览"按钮，打开"另存为"对话框，选择保存位置，并设置文件名，单击"保存"按钮，如图1-71所示。

`Step` **03** 保存工作簿后，在工作表中输入相关数据，如图1-72所示。

图 1-71

图 1-72

Step 04 打开"审阅"选项卡，单击"保护工作簿"按钮，打开"保护结构和窗口"对话框，在"密码"文本框中输入密码"123"，单击"确定"按钮，如图1-73所示。

Step 05 弹出"确认密码"对话框，重新输入密码，单击"确定"按钮，如图1-74所示。

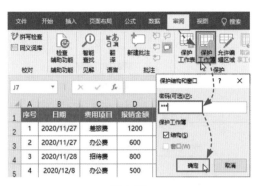

图 1-73

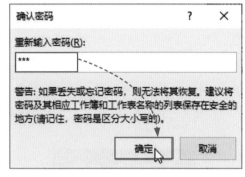

图 1-74

Step 06 此时，在工作表标签上单击鼠标右键，可以看到插入、删除、重命名、移动或复制、隐藏等命令呈现灰色，为不可用状态，如图1-75所示，用户无法进行这些操作。

图 1-75

知识地图

工作簿与工作表的操作是打好基础的关键, 本章向大家详细地介绍了工作簿与工作表的基础运用。为了巩固所学知识点, 下面对工作簿和工作表的基本操作进行系统的梳理, 希望能够帮助读者加深印象, 提高学习效率。

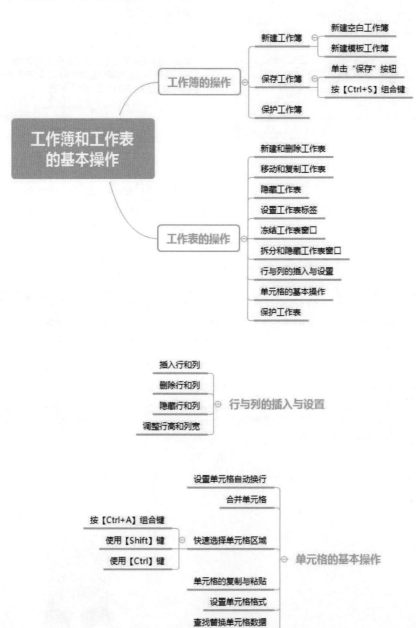

第**2**章

完善数据信息
不可缺

在工作表中录入数据看似很简单，其实还要讲究技巧。例如，录入1～100个序号，有的人可能花费很长时间，有的人可能几秒就搞定了。掌握数据录入的技巧，可以让你的工作事半功倍。

2.1 在销售数据统计表中录入数据

一般公司需要制作销售数据统计表来统计销售商品的数据信息。一份销售数据统计表中必须有销售日期、商品名称、单价、数量和销售金额，如图2-1所示。下面就使用Excel技巧在表格中录入相关数据。

	A	B	C	D	E	F
1	序号	销售日期	商品名称	单价	数量	销售金额
2	1	2020/1/2	五笔打字新手速成	¥29.9	1	¥29.9
3	2	2020/1/4	Excel公式与函数极速入门到精通	¥19.9	2	¥39.8
4	3	2020/1/5	Office 2019从新手到高手提升课	¥9.9	3	¥29.7
5	4	2020/1/7	WPS Office教学精讲视频	¥29.9	5	¥149.5
6	5	2020/1/7	五笔打字新手速成	¥29.9	4	¥119.6
7	6	2020/1/8	Office 2019从新手到高手提升课	¥9.9	3	¥29.7
8	7	2020/1/8	五笔打字新手速成	¥29.9	2	¥59.8
9	8	2020/1/8	PPT教学精讲视频	¥9.8	1	¥9.8
10	9	2020/1/8	WPS Office教学精讲视频	¥29.9	5	¥149.5
11	10	2020/1/8	Excel公式与函数极速入门到精通	¥19.9	6	¥119.4
12	11	2020/1/8	PPT教学精讲视频	¥9.8	2	¥19.6
13	12	2020/1/8	Office 2019从新手到高手提升课	¥9.9	4	¥39.6
14	13	2020/1/10	PPT教学精讲视频	¥9.8	3	¥29.4
15	14	2020/1/11	Office 2019从新手到高手提升课	¥9.9	1	¥9.9

图2-1

2.1.1 录入销售日期

用户需要输入规范的日期格式，其中规范的日期格式有"2020/9/1""2020-9-1""2020年9月1日"这几种。

在B2单元格中输入销售日期"2020-1-2"，如图2-2所示。按【Enter】键确认，默认会自动以"2020/1/2"的形式显示，如图2-3所示。

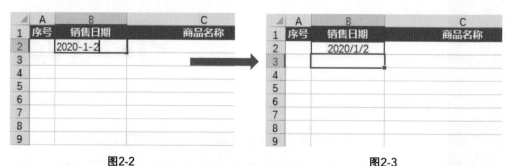

图2-2   图2-3

如果用户想要转换成其他日期格式，则可以选择日期，按【Ctrl+1】组合键，打开"设置单元格格式"对话框，选择"数字"选项卡，在"分类"列表框中选择"日期"选项，在"类型"列表框中可以选择其他日期类型，单击"确定"按钮即可，如图2-4所示。

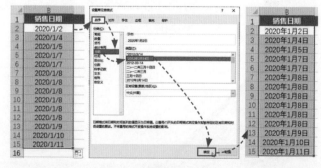

图2-4

此外，在"分类"列表框中选择"自定义"选项，在"类型"文本框中输入"yyyy-mm-dd"，可以将日期格式自定义成"2020-01-02"，如图2-5所示。

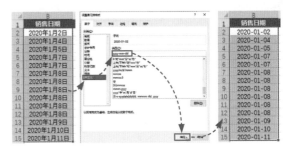

图2-5

无论是哪一种日期格式，其本质还是"2020/1/2"这种日期格式，如图2-6所示。所有单元格设置的改变，都只是外观的改变。

图2-6

经验之谈

用户还可以使用【Ctrl+；】组合键快速输入当前日期；使用【Ctrl+Shift+；】组合键快速输入当前时间。

2.1.2 防止录入无效日期

用户可以利用"数据验证"功能对日期格式和区间进行限定，以保证日期格式输入的规范化，防止录入无效日期。

选择"销售日期"列，在"数据"选项卡中单击"数据验证"按钮，如图2-7所示。打开"数据验证"对话框，在"设置"选项卡的"允许"列表中选择"日期"选项，在"数据"列表中选择"大于"选项，在"开始日期"文本框中输入"1900/1/1"，如图2-8所示。

图2-7   图2-8

打开"输入信息"选项卡，在"标题"文本框中输入"日期格式"，在"输入信息"文本框中输入信息：例如，"1992/4/15"或"1992-4-15"，单击"确定"按钮，如图2-9所示。

此时，选择B2单元格，会在其下方弹出提示信息，如图2-10所示。用户只需要按照提示输入销售日期即可，如图2-11所示。

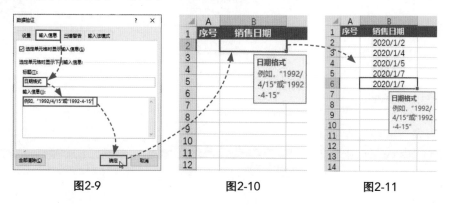

图2-9   图2-10   图2-11

当输入不规范的日期格式时，会弹出一个出错警告，警告用户输入的值与单元格定义的数据验证限制不匹配，如图2-12所示。

如果输入好销售日期后才设置数据验证，则不符合规范的数据不会弹出提示，此时可以选择将无效的数据圈释出来。

选择已经设置数据验证的区域，在"数据"选项卡中单击"数据验证"下拉按钮，从列表中选择"圈释无效数据"选项，如图2-13所示。

图2-12   图2-13

此时，不符合数据验证条件的数据被红色圈标记出来，如图2-14所示。如果不再需要标记，则在"数据验证"列表中选择"清除验证标识圈"选项即可。

	B	C	D	E	F
1	销售日期	商品名称	单价	数量	销售金额
2	2020/1/2				
3	2020/1/4				
4	2020.1.5				
5	2020/1/7				
6	2020/1/7				
7	1899/7/14				
8					
9					
10					

图2-14

图2-15

经验之谈

如果用户想要清除设置的数据验证,则再次打开"数据验证"对话框,直接单击"全部清除"按钮即可,如图2-15所示。

单击

2.1.3　录入商品名称

在录入商品名称时,如果不想手动输入,则可以使用"数据验证"设置从下拉列表中选择输入。

选择"商品名称"区域,在"数据"选项卡中单击"数据验证"按钮,如图2-16所示。打开"数据验证"对话框,在"设置"选项卡中将"允许"设置为"序列",在"来源"文本框中输入"五笔打字新手速成,Excel公式与函数极速入门到精通,Office 2019从新手到高手提升课,WPS Office教学精讲视频,PPT教学精讲视频",单击"确定"按钮,如图2-17所示。

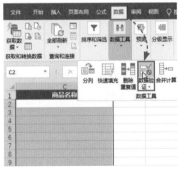

图2-16　　　　　　　　　　图2-17

注意事项

"来源"文本框中的内容,每个文本之间要用英文逗号隔开。

选择C2单元格,其右侧会出现一个下拉按钮,单击该按钮,从列表中选择需要的商品名称,如图2-18所示,即可将其输入单元格中,如图2-19所示。

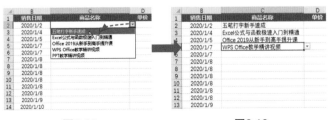

图2-18　　　　　　　　　　图2-19

此外，用户也可以事先输入名称，然后打开"数据验证"对话框，将"允许"设置为"序列"，单击"来源"文本框右侧的折叠按钮，如图2-20所示。选择数据区域，返回"数据验证"对话框后，在"来源"文本框中显示选择的数据区域，如图2-21所示，直接单击"确定"按钮。

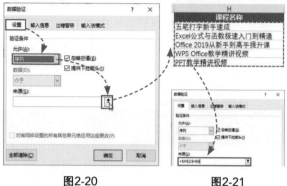

图2-20   图2-21

在C2单元格的下拉列表中显示引用的课程名称，如图2-22所示。

图2-22

2.1.4 录入销售金额型数据

金额型数据是指前面带货币符号的数值。用户输入"单价"和"销售金额"数据后，可以将其设置成金额型数据。

选择"单价"和"销售金额"数据区域，如图2-23所示。在"开始"选项卡中单击"数字格式"下拉按钮，从列表中选择"货币"选项，如图2-24所示，即可为所选数据添加货币符号，如图2-25所示。

图2-23   图2-24   图2-25

此外，选择数据后，也可按【Ctrl+1】组合键，打开"设置单元格格式"对话框，在"数字"选项卡中选择"货币"分类，并设置"小数位数"，单击"确定"按钮即可，如图2-26所示。

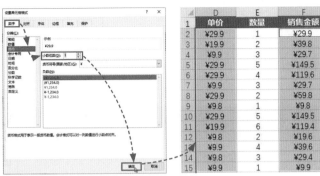

图2-26

在"设置单元格格式"对话框中，选择"货币"选项，在右侧单击"货币符号"下拉按钮，从列表中可以选择其他货币符号，如图2-27所示。

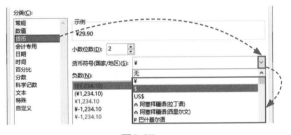

图2-27

用户也可以先输入货币符号，再输入数据。在搜狗工具栏上单击鼠标右键，从弹出的菜单中选择"表情&符号"选项，并从其级联菜单中选择"符号大全"选项，如图2-28所示。弹出"符号大全"对话框，选择"数学/单位"选项，然后在右侧单击"人民币"符号，如图2-29所示，即可将其输入单元格中。

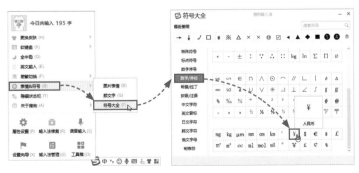

图2-28   图2-29

或者直接使用搜狗输入法进行输入，例如，输入"人民币"的拼音后，选择第5个选项，如图2-30所示，即可输入人民币符号，如图2-31所示。接着输入数据即可，如图2-32所示。

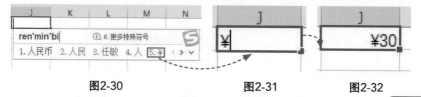

图2-30　　　　　　　图2-31　　　　　　图2-32

2.1.5 快速录入序号

在输入"1，2，3，4…"这样有规律的序列时，用户不必一个个手动输入，可以使用"填充"功能快速输入。

▶扫一扫 看视频◀

方法一 使用鼠标拖拽

选择A2单元格，输入"1"，然后将鼠标光标移至该单元格右下角，如图2-33所示。当光标变为十字形状时，按住鼠标左键不放，向下拖动鼠标，如图2-34所示，默认复制数字"1"。接着单击弹出的"自动填充选项"按钮，从弹出的列表中选择"填充序列"单选按钮，如图2-35所示，即可快速输入序号，如图2-36所示。

图2-33　　　　图2-34　　　　图2-35　　　　图2-36

此外，用户也可以在A2单元格中输入"1"，在A3单元格中输入"2"，选择A2:A3单元格区域，将鼠标移至该单元格区域右下角，如图2-37所示。双击鼠标，即可快速填充序号，如图2-38所示。

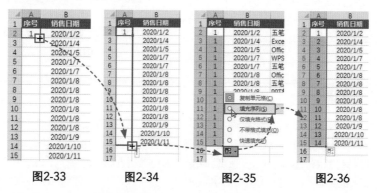

图2-37 　　　　　　图2-38

在A2单元格中输入"1"后，按住【Ctrl】键不放，向下拖动鼠标，也可以实现填充序列，如图2-39所示。

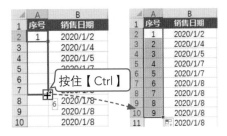

图2-39

方法二 使用对话框填充

首先在A2单元格中输入"1"，然后选择A2:A15单元格区域，在"开始"选项卡中单击"填充"下拉按钮，从列表中选择"序列"选项，如图2-40所示。

打开"序列"对话框，在"序列产生在"选项中选择"列"单选按钮，在"类型"选项中选择"等差序列"单选按钮，在"步长值"文本框中输入"1"，在"终止值"文本框中输入"14"，单击"确定"按钮，如图2-41所示，即可快速输入步长值为"1"，终止值为"14"的等差序列，如图2-42所示。

图2-40

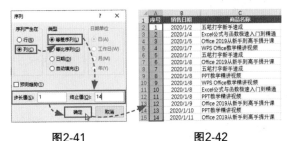

图2-41　　　　　　图2-42

等差序列就是后面数据减去前面数据等于一个固定的值。等比序列就是后面的数据除以前面的数据等于一个固定的值。这个固定值就是"步长值"。

方法三 使用公式填充

选择A2单元格，输入公式"=ROW()-1"，按【Enter】键确认，即可计算出结果，并将公式向下填充，即可输入序号，如图2-43所示。此时，用户无论删除哪一行，序号的顺序始终保持不变，如图2-44所示。

图2-43

图2-44

当需要输入"员工编号""订单编号"之类的数据时,用户只需要在A2单元格中输入"DS001",将光标移至该单元格右下角,如图2-45所示。按住鼠标左键不放,向下拖动鼠标进行填充即可,如图2-46所示。

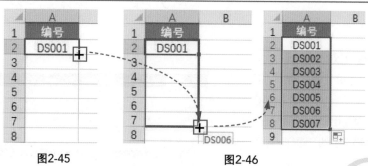

图2-45 　　　　　　　　　图2-46

有时需要在表格中输入"工号""身份证号"数据,但输入后都显示不正确,这是为什么呢?

那是因为你没有为单元格设置格式。

这里举两个例子进行说明。

（1）输入以"0"开头的工号

当用户在A2单元格中输入工号"001"时,如图2-47所示。确认后发现0消失了,如图2-48所示。

如果用户需要输入以"0"开头的工号,则可以使用以下几种方法。

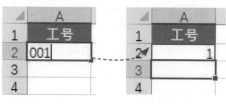

图2-47 　　　　　　　　图2-48

方法一 选择A2单元格,输入英文单引号"'",如图2-49所示。然后输入"001",如图2-50所示。按回车键确认后,即可输入以0开头的工号,如图2-51所示。

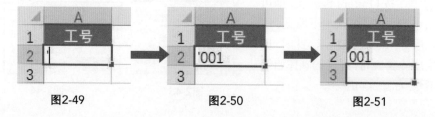

图2-49 　　　　　　图2-50 　　　　　　图2-51

方法二 选择A2:A7单元格区域，在"开始"选项卡中单击"数字格式"下拉按钮，从列表中选择"文本"选项即可，如图2-52所示。

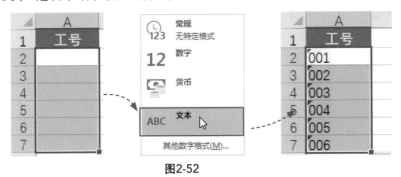

图2-52

方法三 选择A2:A7单元格区域，按【Ctrl+1】组合键，打开"设置单元格格式"对话框，在"数字"选项卡中选择"自定义"分类，在"类型"文本框中输入"00#"，单击"确定"按钮即可，如图2-53所示。

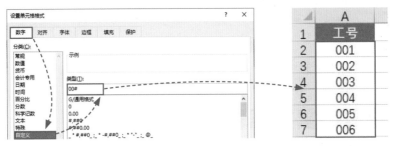

图2-53

（2）输入身份证号

用户在A2单元格中输入身份证号码，如图2-54所示。确认后，数字以科学计数法显示，如图2-55所示。

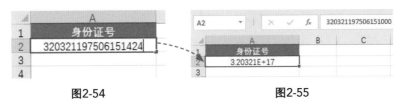

图2-54　　　　　　　　　　　　　　**图2-55**

如果用户想要输入超过12位的数字，则需要选择A2单元格，将其设置为"文本"格式即可，如图2-56所示。

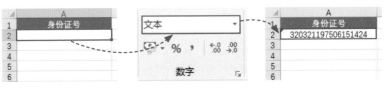

图2-56

2.1.6 输入特殊符号

如果用户需要输入一些特殊符号,例如"☑""☒""©"等,可以打开"插入"选项卡,单击"符号"按钮,打开"符号"对话框,在"符号"选项卡中将"字体"设置为"Wingdings",在下方的列表框中选择需要的符号,单击"插入"按钮即可,如图2-57所示。

或者打开"特殊字符"选项卡,从中选择需要的字符,单击"插入"按钮即可,如图2-58所示。

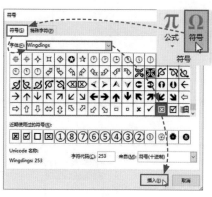

图2-57   图2-58

2.2 整理销售数据表中的数据

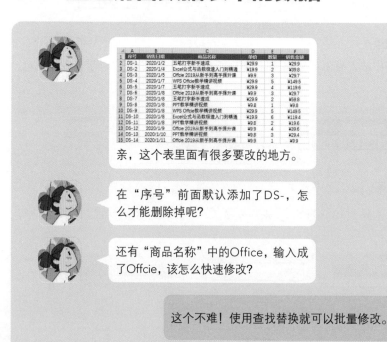

亲,这个表里面有很多要改的地方。

在"序号"前面默认添加了DS-,怎么才能删除掉呢?

还有"商品名称"中的Office,输入成了Offcie,该怎么快速修改?

这个不难!使用查找替换就可以批量修改。

2.2.1　查找书写错误的数据

要想知道哪些数据中包含错误的"Offcie"，可以使用"查找"功能，将其查找出来，并突出显示。

在"开始"选项卡中单击"查找和选择"下拉按钮，从列表中选择"查找"选项，如图2-59所示，或按【Ctrl+F】组合键。

图2-59

打开"查找和替换"对话框，在"查找内容"文本框中输入"Offcie"，单击"查找全部"按钮，如图2-60所示。在下方的状态栏中显示查找到的6个单元格，如图2-61所示。在"值"列表中可以像普通表格一样选择数据行。

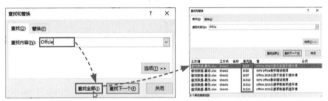

图2-60　　　　　　　　图2-61

用户单击选择"值"列表中的记录后，屏幕自动调至该单元格位置，此时可以为该单元格设置填充颜色，将其突出显示出来，如图2-62所示。

图2-62

经验之谈

在"查找和替换"对话框中单击"选项"按钮，可以设置多种查找方式。例如，将"范围"设置为"工作表"或"工作簿"，将"搜索"设置为"按行"或"按列"，将"查找范围"设置为"公式""值"或"批注"，还可以区分大小写、区分全/半角以及单元格匹配来查找，如图2-63所示。

图2-63

2.2.2 批量替换正确的数据

用户将错误的数据查找出来后，可以使用"替换"功能对其进行修改。例如，将"Offcie"修改为"Office"，并删除序号前面的"DS-"。

在"开始"选项卡中单击"查找和选择"下拉按钮，从列表中选择"替换"选项，或按【Ctrl+H】组合键，打开"查找和替换"对话框，在"查找内容"文本框中输入"Offcie"，在"替换为"文本框中输入"Office"，单击"全部替换"按钮，弹出一个提示对话框，提示完成6处替换，单击"确定"按钮即可，如图2-64所示。

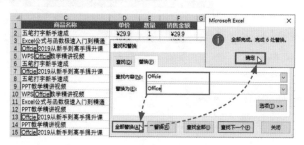

图2-64

此时，"商品名称"中的"Offcie"全部被修改成正确的"Office"，如图2-65所示。

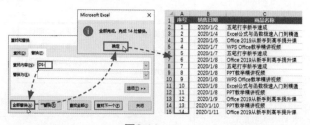

图2-65

将"序号"前面的"DS-"删除，需要打开"查找和替换"对话框，在"查找内容"文本框中输入"DS-"，"替换为"文本框中为空白，单击"全部替换"按钮，弹出提示对话框，直接单击"确定"按钮即可，如图2-66所示。

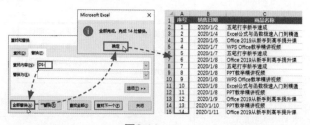

图2-66

如果"序号"输入成"A-1, B-2, C-3, …"这种样式, 则可以使用通配符进行模糊查找和替换。

打开"查找和替换"对话框, 在"查找内容"文本框中输入"*-", 单击"全部替换"按钮, 在弹出的对话框中直接单击"确定"按钮即可, 如图2-67所示。

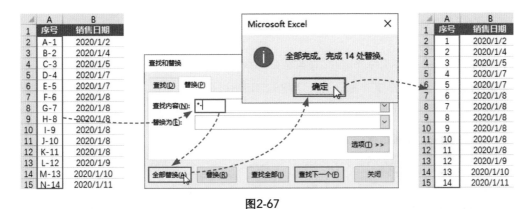

图2-67

 经验之谈

通配符不仅在查找替换时可以使用, 在筛选、函数公式等功能中同样也可以使用。用得最多的通配符有问号 "?" 和星号 "*" 两种, 其具体含义如下。

通配符	含义	写法	包含结果
?	任何一个字符	D??1	D001 DS01 D是个1
*	任意数量的任意字符	D*1	DS001 DS01 DS1 D是一个1

如果我需要将黄色单元格中的内容替换为 "WPS 2019精讲视频", 该怎么操作呢?

你可以按单元格的格式查找替换。

打开"查找和替换"
对话框,单击"选项"按
钮,如图2-68所示。然后单
击"查找内容"右侧的"格
式"下拉按钮,从列表中
选择"从单元格选择格
式"选项,如图2-69所示。

图2-68　　　　　　　　　　图2-69

此时,鼠标光标变为吸管形状,单击黄色填充的单元格,"格式"左边的"预览"按钮会
变成黄色,在"替换为"文本框中输入"WPS 2019精讲视频",单击"全部替换"按钮,并在
弹出的对话框中直接单击"确定"按钮,如图2-70所示。

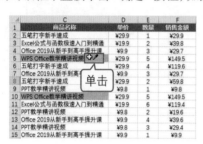
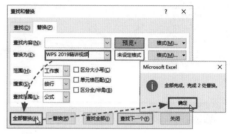

图2-70

黄色单元格中的内容就被替换成"WPS 2019精讲视频"了,如图2-71所示。

	A	B	C	D	E	F
1	序号	销售日期	商品名称	单价	数量	销售金额
2	1	2020/1/2	五笔打字新手速成	¥29.9	1	¥29.9
3	2	2020/1/4	Excel公式与函数极速入门到精通	¥19.9	2	¥39.8
4	3	2020/1/5	Office 2019从新手到高手提升课	¥9.9	3	¥29.7
5	4	2020/1/7	WPS 2019精讲视频	¥29.9	5	¥149.5
6	5	2020/1/7	五笔打字新手速成	¥29.9	4	¥119.6
7	6	2020/1/8	Office 2019从新手到高手提升课	¥9.9	3	¥29.7
8	7	2020/1/8	五笔打字新手速成	¥29.9	2	¥59.8
9	8	2020/1/8	PPT教学精讲视频	¥9.8	1	¥9.8
10	9	2020/1/8	WPS 2019精讲视频	¥29.9	5	¥149.5
11	10	2020/1/8	Excel公式与函数极速入门到精通	¥19.9	6	¥119.4

图2-71

2.2.3　为销售数据表添加注释

当用户需要对表格中的内容进
行解释说明时,可以使用"批注"
功能。

选择C2单元格,打开"审阅"
选项卡,单击"新建批注"按钮,如
图2-72所示。

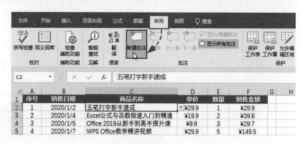

图2-72

在单元格右上角弹出一个批注框，在其中输入相关内容即可，如图2-73所示。

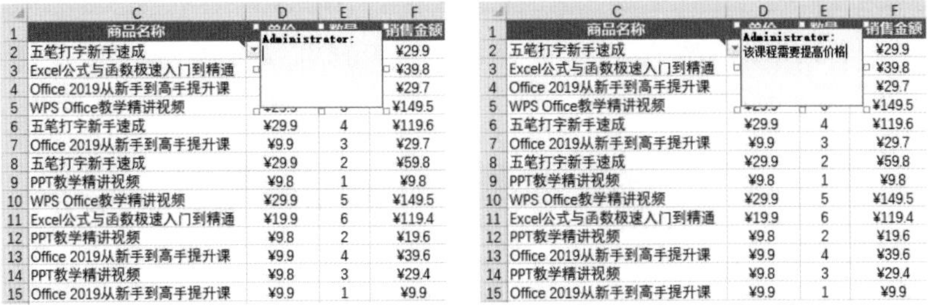

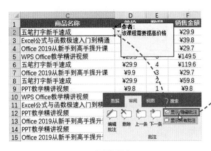

图2-73

如果用户想要隐藏批注，则选择添加批注的单元格，在“审阅”选项卡中单击“显示/隐藏批注”按钮，如图2-74所示，即可隐藏批注，如图2-75所示。再次单击该按钮，则可以显示批注。

图2-74

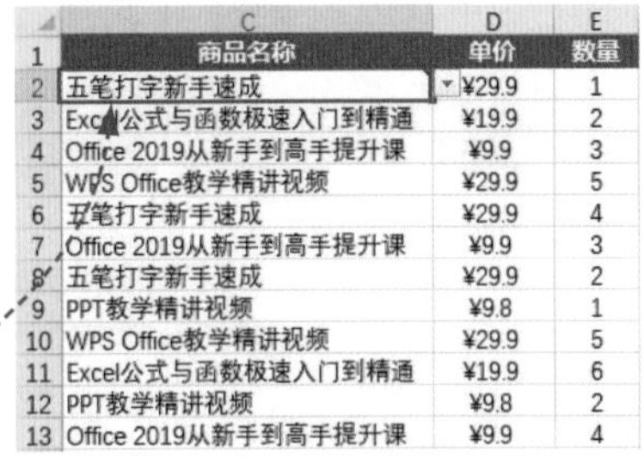

图2-75

经验之谈

当需要删除批注时，则可以在“审阅”选项卡中单击“删除”按钮即可，如图2-76所示。

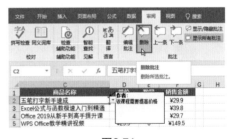

图2-76

2.3 编辑采购统计表

采购人员通常需要制作采购统计表来记录采购商品的明细信息，如图2-77所示。下面通过制作采购统计表来介绍如何复制数据、移动数据、删除数据等。

编号	药品名称	生产企业	规格	计量单位	采购数量	单价（元）	金额（元）	备注
A001	苯磺酸氨氯地平片	恩泰药业有限公司	5mg•24片	盒	152	¥5.68	¥863.36	
A002	蒲地蓝消炎口服液	恩泰药业有限公司	10mg•12瓶	盒	242	¥19.20	¥4,646.40	
A003	莲花清瘟胶囊	晴天制药有限公司	1mg•36粒	盒	340	¥9.88	¥3,359.20	
A004	小儿氨酚黄那敏颗粒	晴天制药有限公司	10mg•12包	盒	148	¥11.89	¥1,759.72	
A005	东正阿胶浆	邯郸制药有限公司	10ml•24瓶	盒	20	¥158.22	¥3,164.40	
A006	感冒灵颗粒	三五制药有限公司	2g•18包	盒	210	¥9.66	¥2,028.60	
A007	银翘颗粒	九信制药有限公司	2g•12包	盒	220	¥10.88	¥2,393.60	

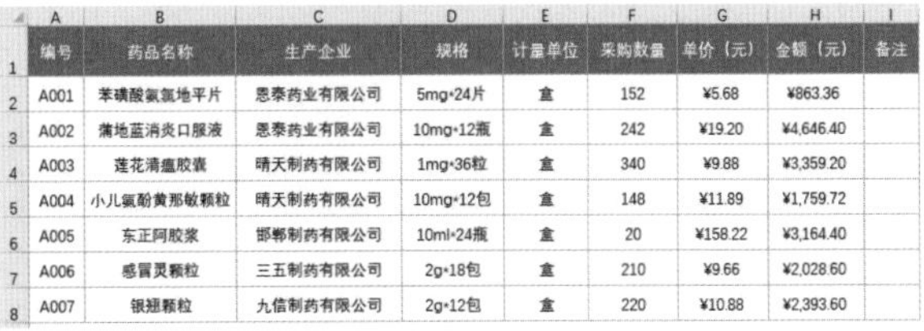

图2-77

2.3.1 复制计量单位中的数据

当需要在表格中输入重复的数据时，为了节省时间，可以复制数据。例如，输入单位"盒"。

选择E2单元格，输入单位"盒"，然后按【Ctrl+C】组合键进行复制，如图2-78所示。接着选择E3:E8单元格区域，按【Ctrl+V】组合键粘贴数据即可，如图2-79所示。

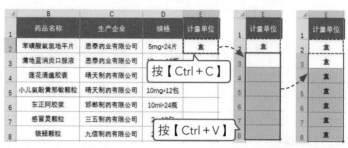

图2-78   图2-79

此外，用户也可以选择E2单元格，在"开始"选项卡中单击"复制"按钮，如图2-80所示。然后选择E3:E8单元格区域，单击"粘贴"按钮即可，如图2-81所示。

图2-80   图2-81

除了使用"复制"功能输入相同的数据外，还有什么便捷方法呢？

也可以使用"填充"功能。

选择E2单元格，将鼠标光标移至该单元格右下角，如图2-82所示。按住鼠标左键不放，向下拖动，如图2-83所示，填充数据即可，如图2-84所示。

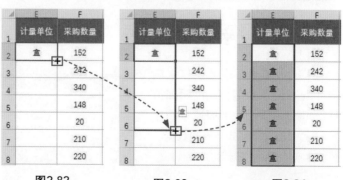

图2-82   图2-83   图2-84

或者选择E2:E8单元格区域，按【Ctrl+D】组合键，快速填充数据，如图2-85所示。

图2-85

经验之谈

用户也可以使用查找替换功能来输入相同数据。选择E2:E8单元格区域，如图2-86所示。按【Ctrl+H】组合键，打开"查找和替换"对话框，在"替换为"文本框中输入"盒"，单击"全部替换"按钮，如图2-87所示。可以快速在选择的单元格区域中输入相同数据，如图2-88所示。

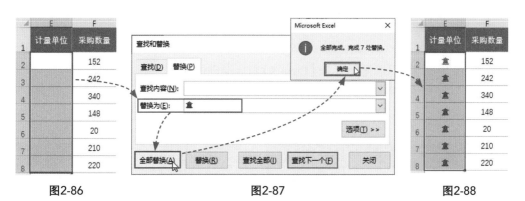

图2-86　　　　　　　　　　　图2-87　　　　　　　　　　图2-88

2.3.2 移动商品名称数据

如果表格中数据输入的位置不合理，则可以将数据移至合适位置。例如，将"药品名称"数据移至"生产企业"前面。

▶扫一扫　看视频◀

选择D1:D8单元格区域，将鼠标移至单元格的外边框上，当光标变为形状时，如图2-89所示。按住【Shift】键不放，同时按住鼠标左键不放，将其拖至"生产企业"前面，如图2-90所示。

图2-89　　　　　　　　　　　　　图2-90

松开鼠标，即可将"药品名称"数据移至"生产企业"数据前面，如图2-91所示。

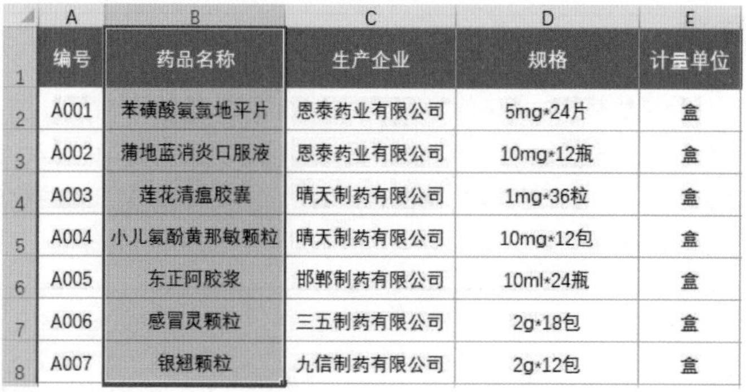

	A	B	C	D	E
1	编号	药品名称	生产企业	规格	计量单位
2	A001	苯磺酸氨氯地平片	恩泰药业有限公司	5mg*24片	盒
3	A002	蒲地蓝消炎口服液	恩泰药业有限公司	10mg*12瓶	盒
4	A003	莲花清瘟胶囊	晴天制药有限公司	1mg*36粒	盒
5	A004	小儿氨酚黄那敏颗粒	晴天制药有限公司	10mg*12包	盒
6	A005	东正阿胶浆	邯郸制药有限公司	10ml*24瓶	盒
7	A006	感冒灵颗粒	三五制药有限公司	2g*18包	盒
8	A007	银翘颗粒	九信制药有限公司	2g*12包	盒

图2-91

此外，用户也可以选择D列，按【Ctrl+X】组合键进行剪切，如图2-92所示。然后选择B列，单击鼠标右键，从弹出的快捷菜单中选择"插入剪切的单元格"命令即可，如图2-93所示。

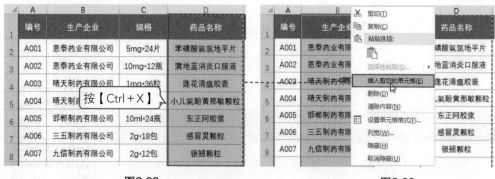

图2-92　　　　　　　　　　　　　图2-93

2.3.3 删除统计表多余的数据

表格中如果存在多余或不需要的数据,用户可以将其进行删除。

（1）删除行/列数据

选择A列,单击鼠标右键,从弹出的快捷菜单中选择"删除"命令,如图2-94所示,即可将A列数据删除。

选择第8行,单击鼠标右键,从弹出的快捷菜单中选择"删除"命令,如图2-95所示,即可将第8行数据删除。

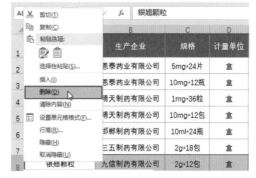

图2-94　　　　　　　　　　　　　　　　图2-95

（2）删除单元格数据

选择A2:A8单元格区域,单击鼠标右键,从弹出的快捷菜单中选择"清除内容"命令,如图2-96所示,即可将该单元格区域中的数据清除,如图2-97所示。

> **经验之谈**
>
> 在"开始"选项卡中单击"清除"下拉按钮,从列表中可以选择清除格式、清除内容、清除批注、清除超链接等,如图2-98所示。

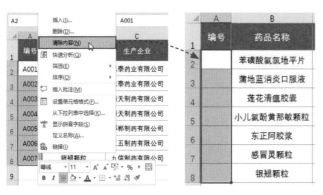

图2-96　　　　　　　　　图2-97

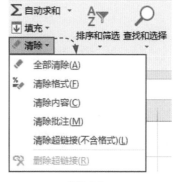

图2-98

拓展练习：制作人口普查登记表

全国人口普查每10年进行一次，对全国人口普遍地、逐户逐人地进行一次性调查登记。人口普查主要调查人口的基本情况，包括性别、年龄、民族、学历、职业、婚姻情况等，如图2-99所示。

图2-99

Step 01 打开"人口普查登记表"，在其中输入相关数据信息，如图2-100所示。

图2-100

Step 02 选择I6:I13单元格区域，在"编辑栏"中输入民族"汉"，如图2-101所示。按【Ctrl+Enter】组合键，即可在所选单元格中同时输入"汉"字，如图2-102所示。

图2-101

图2-102

Step 03　选择J6:J13单元格区域，在"开始"选项卡中单击"数字格式"下拉按钮，从列表中选择"文本"选项，如图2-103所示。然后输入"身份证号"信息，如图2-104所示。

	G	H	I	J
5	性别	年龄	民族	身份证号
6	男	54	汉	
7	女	50	汉	
8	男	20	汉	
9	女	18	汉	
10	男	58	汉	
11	女	60	汉	
12	男	34	汉	
13	女	28	汉	

文本

% ，

数字

图2-103

	G	H	I	J
5	性别	年龄	民族	身份证号
6	男	54	汉	3424251966611122510
7	女	50	汉	3424251970111122520
8	男	20	汉	3424252000011122570
9	女	18	汉	3424252002212072540
10	男	58	汉	3424521962121122519
11	女	60	汉	3424521960050096927
12	男	34	汉	3424521986091022135
13	女	28	汉	3424521993011111488

图2-104

Step 04　选择L6:L13单元格区域，在"数据"选项卡中单击"数据验证"按钮，打开"数据验证"对话框，在"设置"选项卡中将"允许"设置为"序列"，在"来源"文本框中输入"研究生,本科,大专,高中,初中,小学"，单击"确定"按钮，如图2-105所示。

Step 05　选择L6单元格，单击其右侧下拉按钮，从列表中选择"本科"选项，按照同样的方法，输入"学历"信息，如图2-106所示。

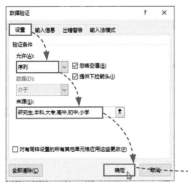

图2-105

	I	J	K	L	M
5	民族	身份证号	联系方式	学历	职业
6	汉	3424251966611122510	181****1234	本科	设计师
7	汉	3424251970111122520	181****1235	本科	护士
8	汉	3424252000011122570	181****1236	高中	学生
9	汉	3424252002212072540	181****1237	初中	学生
10	汉	3424521962121122519	181****1238	研究生	程序员
11	汉	3424521960050096927	181****1239	大专	销售
12	汉	3424521986091022135	181****1240	本科	财务
13	汉	3424521993011111488	181****1241	大专	由职业

图2-106

Step 06　选择N6单元格，输入"城市户口"，接着选择N6:N13单元格区域，按【Ctrl+D】组合键，输入"户口性质"信息，如图2-107所示。

	N	O
5	户口性质	婚姻情况
6	城市户口	已婚
7		已婚
8		未婚
9		未婚

	N	O
5	户口性质	婚姻情况
6	城市户口	已婚
7	城市户口	已婚
8	城市户口	未婚
9	城市户口	未婚

图2-107

知识地图

高效地录入数据是提升制作效率的关键。下面将着重对高效录入数据的知识进行系统的梳理, 希望能够加深读者的印象, 提高学习效率。

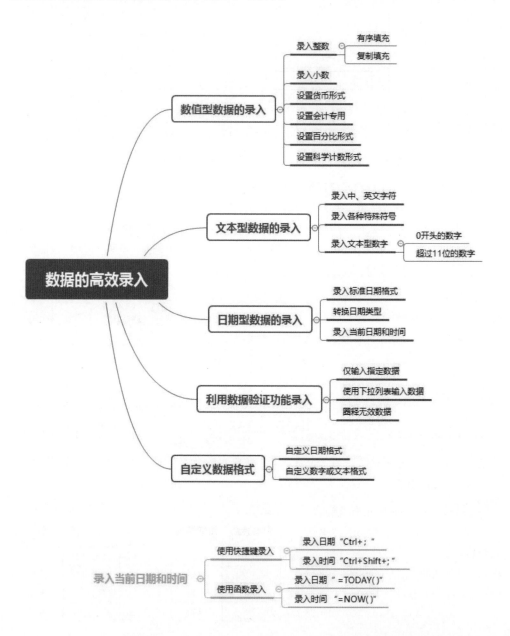

第3章

报表美化不能少

很多女孩出门前要化妆，打扮得漂漂亮亮来吸引别人的注意力。同样，表格也是如此。试想一份杂乱无章的表格和一份工整的表格，哪个更能引起你的阅读兴趣？答案毫无疑问，所以对报表进行基本的美化是不可缺少的一步。

3.1 制作文件夹背脊标签

为文件盒添加文件背脊标签,便于对文件进行归档处理,如图3-1所示。下面将通过制作文件夹背脊标签来介绍如何合并单元格、设置合适的行高和列宽、插入或删除行/列、隐藏行或列等。

图3-1

3.1.1 合并单元格

合并单元格就是将选择的多个单元格合并成一个单元格,以方便用户输入长数据。

选择A2:A5单元格区域,如图3-2所示。在"开始"选项卡中单击"合并后居中"下拉按钮,从列表中选择"合并单元格"选项,如图3-3所示,即可将选择的单元格合并成一个单元格,如图3-4所示。

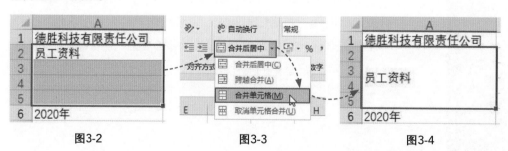

图3-2　　　　　　　　　图3-3　　　　　　　　　图3-4

如果在"合并后居中"列表中选择"合并后居中"选项,则将选择的多个单元格合并成一个较大的单元格,并将新单元格内容居中,如图3-5所示。

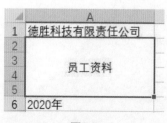

图3-5

如果选择"跨越合并"选项，则将相同行中的所选单元格合并到一个大单元格中，如图3-6所示。

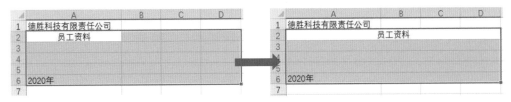

图3-6

3.1.2 设置合适的行高和列宽

▶扫一扫 看视频◀

为了使背脊标签看起来更加舒适、美观，用户需要根据单元格的内容，为其设置合适的行高和列宽。

（1）设置行高

选择第1行，单击鼠标右键，从弹出的快捷菜单中选择"行高"命令，如图3-7所示。打开"行高"对话框，在"行高"文本框中输入行高值，单击"确定"按钮，如图3-8所示，即可调整第1行的行高，如图3-9所示。

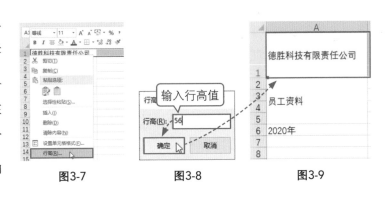

图3-7　　　　图3-8　　　　图3-9

此外，用户也可以将鼠标移至第1行行号下方的分割线上，如图3-10所示。按住鼠标左键不放，拖动鼠标，调整行高，如图3-11所示。

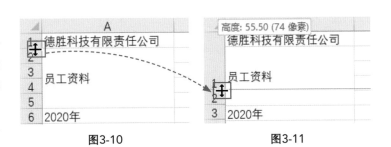

图3-10　　　　图3-11

経験之谈

当需要设置多个行的行高时,则选择多行,将光标移至任意行号下方的分割线上,如图3-12所示。按住鼠标左键不放,拖动鼠标,如图3-13所示,即可同时调整多行的行高,如图3-14所示。

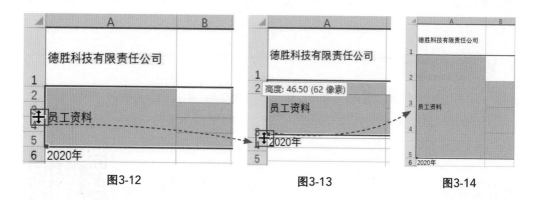

| 图3-12 | 图3-13 | 图3-14 |

（2）设置列宽

选择A列,单击鼠标右键,从弹出的快捷菜单中选择"列宽"命令,打开"列宽"对话框,在"列宽"文本框中输入合适的列宽值,单击"确定"按钮即可,如图3-15所示。

此外,将鼠标移至A列右侧的分割线上,如图3-16所示。按住鼠标左键不放,拖动鼠标,也可以调整列宽,如图3-17所示。

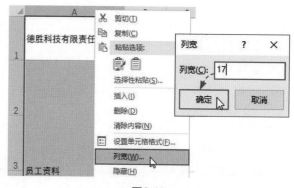

图3-15

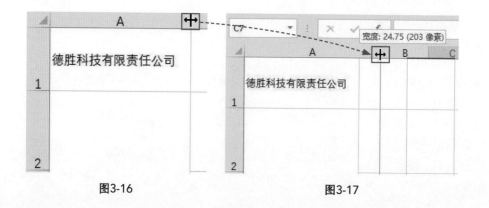

| 图3-16 | 图3-17 |

3.1.3 插入或删除行 / 列

在制作背脊标签时, 用户需要在表格中插入行/列, 也可以将不需要的行/列删除。

（1）插入行/列

选择第1行, 单击鼠标右键, 从弹出的快捷菜单中选择"插入"命令, 如图3-18所示, 即可在所选行上方插入一行, 如图3-19所示。

选择A列, 单击鼠标右键, 从弹出的快捷菜单中选择"插入"命令, 如图3-20所示, 即可在所选列的左侧插入一列, 如图3-21所示。

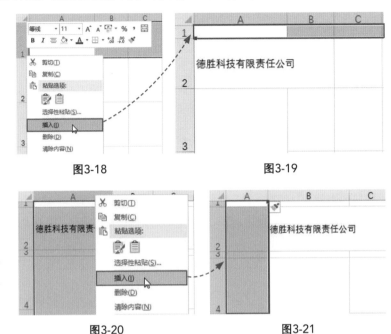

图3-18　　　　　　　图3-19

图3-20　　　　　　　图3-21

> **经验之谈**
>
> 选择多行/多列, 按【Ctrl+Shift+=】组合键, 可以快速插入多行/多列。

（2）删除行/列

选择行, 单击鼠标右键, 从弹出的快捷菜单中选择"删除"命令, 如图3-22所示, 即可将所选行删除。

选择列, 单击鼠标右键, 从弹出的快捷菜单中选择"删除"命令, 如图3-23所示, 即可将所选列删除。

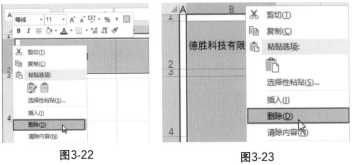

图3-22　　　　　　图3-23

此外, 用户也可以在"开始"选项卡中单击"删除"下拉按钮, 从列表中选择"删除工作表行"或"删除工作表列"选项, 如图3-24所示。

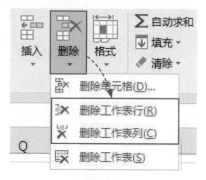

图3-24

3.1.4 隐藏行或列

如果用户不希望他人查看表格中某一行或某一列中的数据, 则可以将其隐藏起来。

选择B列, 单击鼠标右键, 从弹出的快捷菜单中选择"隐藏"命令, 如图3-25所示, 即可将B列隐藏起来。

如果想要将隐藏的列显示出来, 则单击工作表左上角的按钮▲, 选择整个工作表, 然后在任意列上单击鼠标右键, 从弹出的快捷菜单中选择"取消隐藏"命令即可, 如图3-26所示。或者在"开始"选项卡中单击"格式"下拉按钮, 从列表中选择"隐藏和取消隐藏"选项, 并从其级联菜单中选择"取消隐藏列"选项即可, 如图3-27所示。

图3-25

隐藏行和隐藏列的方法相似, 这里不再赘述。

图3-26

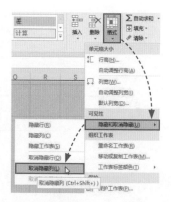

图3-27

3.2 设置文件夹背脊标签的格式

我参考上述方法制作的文件夹背脊标签看起来不是很美观。

德胜科技有限责任公司
员工资料
2020年

有改善的方法吗?

当然有,别急! 往下看。

3.2.1 设置字体格式

在单元格中输入的数据,默认字体是"等线",字号是"11",用户可以根据需要设置字体的格式。

选择B2单元格,在"开始"选项卡中单击"字体"下拉按钮,从列表中选择合适的字体,这里选择"宋体",如图3-28所示。

单击"字号"下拉按钮,从列表中选择需要的字号,这里选择"16",如图3-29所示。

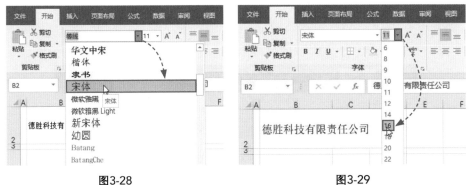

图3-28

图3-29

此外，用户也可以选择单元格后，按【Ctrl+1】组合键，打开"设置单元格格式"对话框，在"字体"选项卡中设置数据的"字体""字形""字号""颜色"等，如图3-30所示。

图3-30

经验之谈

选择单元格，按【Ctrl+B】组合键，可以将单元格中的数据加粗显示。

经验之谈

选择单元格，在"开始"选项卡中单击"字体颜色"下拉按钮，从列表中选择合适的颜色，可以更改数据的字体颜色，如图3-31所示。

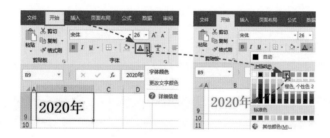

图3-31

3.2.2 设置对齐方式

默认情况下，表格中的文本是左对齐，数字是右对齐。用户可以根据需要设置数据的对齐方式。

选择单元格或单元格区域，在"开始"选项卡中单击"垂直居中"和"居中"按钮，如图3-32所示，可以将数据设置为居中对齐。

图3-32

此外, 打开"设置单元格格式"对话框, 在"对齐"选项卡中可以设置数据的"水平对齐"和"垂直对齐"方式, 如图3-33所示。

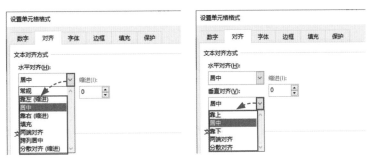

图3-33

3.2.3　调整文本显示方向

单元格中的文本都是横向显示, 但有时候需要让文本竖排显示。用户可以选择单元格, 在"开始"选项卡中单击"方向"下拉按钮, 从列表中选择"竖排文字"选项, 如图3-34所示, 即可让文字竖排显示, 如图3-35所示。

图3-34　　　　　　　　　　　　图3-35

此外, 打开"设置单元格格式"对话框, 在"对齐"选项卡中单击"方向"选项下的"文本"区域, 如图3-36所示, 可以将文本设置为竖排显示。

在"方向"选项下方的数值框中输入数值, 如图3-37所示, 可以设置文本旋转的角度。

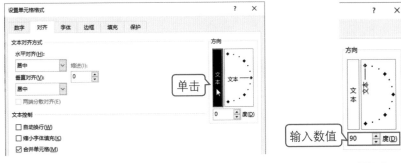

图3-36　　　　　　　　　　　　图3-37

▶扫一扫 看视频◀

3.2.4 设置文本换行显示

当在单元格中输入的文本过多时, 文本内容不会完全显示在单元格中, 为了方便查看, 可以设置文本换行显示。

选择B2单元格, 在"开始"选项卡中单击"自动换行"按钮, 单元格中的内容即可换行显示, 如图3-38所示。

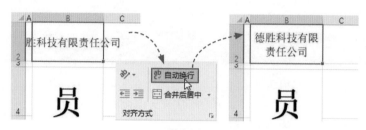

图3-38

用户可以通过调整列宽来控制文本换行的位置, 如图3-39所示。

图3-39

此外, 用户也可以打开"设置单元格格式"对话框, 在"对齐"选项卡中勾选"自动换行"复选框, 如图3-40所示, 设置文本自动换行。

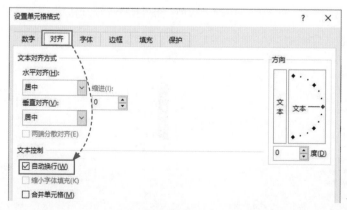

图3-40

如果用户想要自己控制换行的位置，则可以将光标插入需要换行的位置，如图3-41所示。按【Alt＋Enter】组合键即可，如图3-42所示。

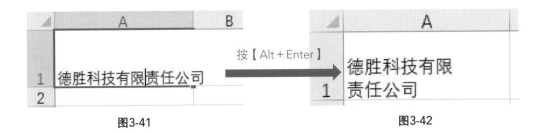

图3-41　　　　　　　　　　　　　　　　图3-42

3.2.5　格式刷的应用

使用"格式刷"功能，可以快速将一个单元格中的格式应用到其他单元格中。避免对格式进行重复设置。

选择B4单元格，在"开始"选项卡中单击"格式刷"按钮，如图3-43所示。此时，鼠标光标变为小刷子形状，在D4单元格上方单击鼠标，如图3-44所示，即可将B4单元格的格式复制到D4单元格，如图3-45所示。

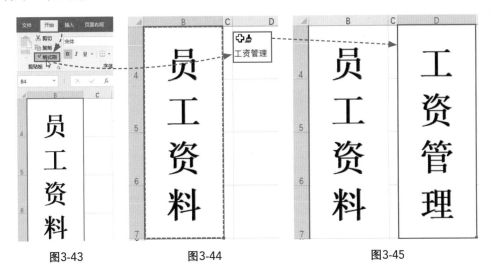

图3-43　　　　　　　　图3-44　　　　　　　　图3-45

注意事项　如果需要在多个位置应用格式，则双击"格式刷"。

3.3 制作培训班报名表

培训机构为了方便收集学员信息，需要将报名人员的信息统一填写到表格中，如图3-46所示。下面通过制作培训班报名表来介绍如何设置边框效果、制作斜线表头、设置底纹效果、套用单元格样式、套用表格样式等。

姓名	性别	年龄	家长姓名	家长电话	兴趣班	报名总课时	课时单价	课时总费用
顾晓	男	5	顾海	18057488432	儿童画	6	¥900.00	¥5,400.00
李姬	女	10	李翔	18119601852	油画	4	¥860.00	¥3,440.00
姜倩	女	9	姜源	13350728706	素描	3	¥980.00	¥2,940.00
陈郡	女	11	陈强	13740079028	国画	3	¥780.00	¥2,340.00
伏浩	男	9	江雪娟	13289468094	油画	8	¥860.00	¥6,880.00
刘美	女	12	成鹿镇	15123449745	素描	9	¥980.00	¥8,820.00
孙琦	男	10	殷丽妤	13936102799	国画	5	¥780.00	¥3,900.00
韩瑶	女	9	韩振	13433592004	国画	4	¥780.00	¥3,120.00
赵轩	男	4	赵亮	18151318869	儿童画	7	¥900.00	¥6,300.00
王怡	女	8	王勇	13114811533	素描	4	¥980.00	¥3,920.00

图3-46

3.3.1 设置边框效果

工作表默认都是无边框的，为了方便查看数据，并且使表格看起来美观，需要为表格设置边框效果。

选择B2:J12单元格区域，按【Ctrl+1】组合键，打开"设置单元格格式"对话框，选择"边框"选项卡，在"样式"列表框中选择一种直线样式，然后单击"颜色"下拉按钮，从列表中选择直线颜色，单击"内部"按钮，将其应用到表格的内部边框上。在"样式"列表框中选择其他直线样式后，单击"外边框"按钮，可以将其应用到表格的外边框上，如图3-47所示。

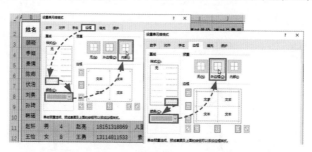

图3-47

单击"确定"按钮，即可为表格添加内边框和外边框效果，如图3-48所示。

姓名	性别	年龄	家长姓名	家长电话	兴趣班	报名总课时	课时单价	课时总费用
顾晓	男	5	顾海	18057488432	儿童画	6	¥900.00	¥5,400.00
李姬	女	10	李翔	18119601852	油画	4	¥860.00	¥3,440.00
姜倩	女	9	姜源	13350728706	素描	3	¥980.00	¥2,940.00
陈郡	女	11	陈强	13740079028	国画	3	¥780.00	¥2,340.00
伏浩	男	9	江雪娟	13289468094	油画	8	¥860.00	¥6,880.00
刘美	女	12	成鹿镇	15123449745	素描	9	¥980.00	¥8,820.00
孙琦	男	10	殷丽妤	13936102799	国画	5	¥780.00	¥3,900.00
韩瑶	女	9	韩振	13433592004	国画	4	¥780.00	¥3,120.00
赵轩	男	4	赵亮	18151318869	儿童画	7	¥900.00	¥6,300.00
王怡	女	8	王勇	13114811533	素描	4	¥980.00	¥3,920.00

图3-48

此外，用户也可以手动绘制边框效果。在"开始"选项卡中单击"边框"下拉按钮，从列表中选择"线型"选项，并从其级联菜单中选择合适的线型样式，如图3-49所示。再次单击"边框"下拉按钮，从列表中选择"线条颜色"选项，并从其级联菜单中选择合适的颜色，如图3-50所示。最后在"边框"列表中选择"绘图边框网格"选项，如图3-51所示。

图3-49

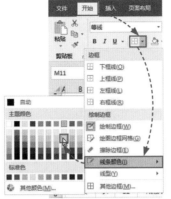
图3-50

图3-51

此时，鼠标光标变为铅笔形状，按住鼠标左键不放，拖动鼠标，为数据区域绘制边框，如图3-52所示。

如果需要为表格绘制外边框，则在"边框"列表中重新设置"线型""线条颜色"，并选择"绘制边框"选项，如图3-53所示。

图3-52

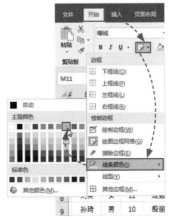

图3-53

拖动鼠标，为表格绘制外边框，绘制完成后，按【Esc】键退出绘制即可，如图3-54所示。

图3-54

经验之谈

选择表格区域，在"开始"选项卡中单击"边框"下拉按钮，从列表中选择"所有框线"选项，如图3-55所示，可以快速为表格添加边框，如图3-56所示。

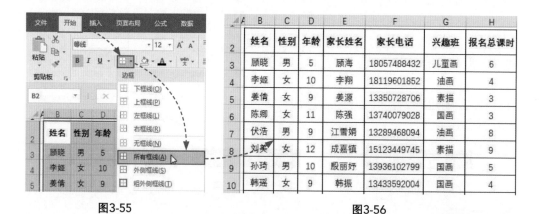

图3-55   图3-56

3.3.2 制作斜线表头

有的表格需要制作斜线表头来表示二维表的不同内容。例如，课程表、计划表、报名表等。

▶扫一扫 看视频◀

选择B2单元格，按【Ctrl+1】组合键，打开"设置单元格格式"对话框，选择"边框"选项卡，在"样式"列表框中选择直线样式，并设置直线颜色，单击"边框"区域右下角的斜线按钮,单击"确定"按钮,即可在B2单元格中添加一条斜线,如图3-57所示。

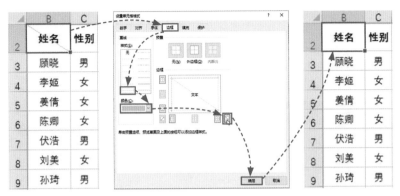

图3-57

在B2单元格中输入表头内容,然后将光标插入到"内容"文本后面,如图3-58所示。按【Alt+Enter】组合键进行换行,如图3-59所示。最后调整文本的对齐方式即可,如图3-60所示。

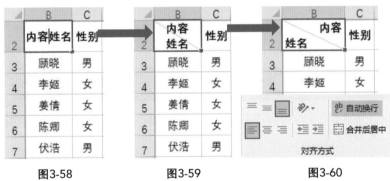

图3-58   图3-59   图3-60

此外,用户也可以手动绘制斜线表头。在"开始"选项卡中单击"边框"下拉按钮,从列表中选择"绘制边框"选项,如图3-61所示。将光标移至B2单元格的左上方,如图3-62所示。按住鼠标左键不放,拖动鼠标绘制斜线,如图3-63所示。

图3-61   图3-62   图3-63

> 👤💬 **经验之谈**
>
> 　　用户通过"形状"功能也可以绘制斜线表头。在"插入"选项卡中单击"形状"下拉按钮，从列表中选择"直线"选项，如图3-64所示。鼠标光标变为十字形，如图3-65所示。按住鼠标左键不放，拖动鼠标，如图3-66所示，即可绘制一条斜线，如图3-67所示。

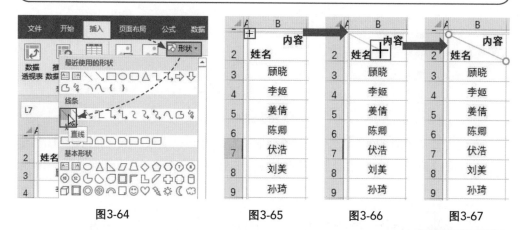

图3-64	图3-65	图3-66	图3-67

3.3.3　设置底纹效果

▶扫一扫　看视频◀

　　为表格设置底纹，不仅可以达到美化表格的效果，还可以突出重点内容。

　　选择B2:J2单元格区域，在"开始"选项卡中单击"填充颜色"下拉按钮，从列表中选择合适的颜色，如图3-68所示，即可为所选单元格区域设置底纹效果。然后根据需要将字体颜色更改为白色，如图3-69所示。

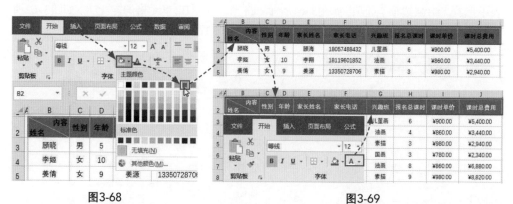

图3-68	图3-69

　　此外，用户打开"设置单元格格式"对话框，选择"填充"选项卡，在"背景色"区域选择一种需要的颜色，如图3-70所示。单击"确定"按钮，也可以设置底纹效果。

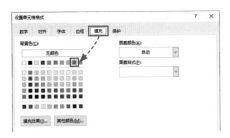

图3-70

> **经验之谈**
>
> 如果用户想要取消设置的底纹效果，则可以在"填充颜色"列表中选择"无填充"选项即可。

3.3.4 套用单元格样式

除了设置底纹效果，用户也可以套用单元格样式，使重要数据更加醒目。

（1）套用内置单元格样式

选择单元格区域，在"开始"选项卡中单击"单元格样式"下拉按钮，从列表中选择内置的单元格样式，如图3-71所示，即可为所选单元格区域套用样式，如图3-72所示。

（2）新建单元格样式

在"单元格样式"列表

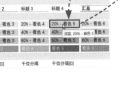

图3-71　　　　　　图3-72

中选择"新建单元格样式"选项，打开"样式"对话框。在"样式名"文本框中输入名称，单击"格式"按钮，如图3-73所示。打开"设置单元格格式"对话框，在"字体"选项卡中设置字体、字形、字号和字体颜色，打开"填充"选项卡，从中选择需要的填充颜色，如图3-74所示。单击"确定"按钮，返回"样式"对话框，直接单击"确定"按钮即可。

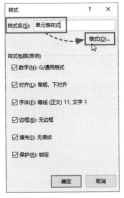

图3-73

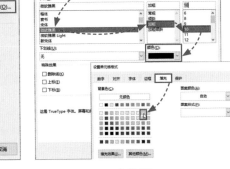

图3-74

选择单元格区域，再次单击"单元格样式"下拉按钮，在"自定义"区域，选择新建的单元格样式，如图3-75所示，即可为所选区域设置样式。

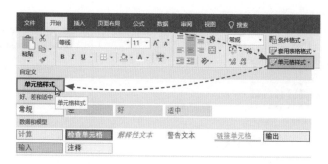

图3-75

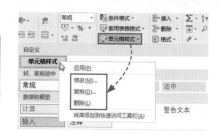

图3-76

3.3.5 套用表格格式

在工作表中输入数据后，用户可以直接套用表格格式，以达到为表格添加边框和美化的效果。

（1）套用内置表格格式

选择B2:J12单元格区域，在"开始"选项卡中单击"套用表格格式"下拉按钮，从列表中选择合适的样式，这里选择"蓝色，表样式中等深浅20"样式，如图3-77所示。

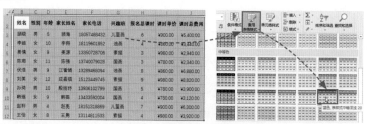

图3-77

弹出"套用表格式"对话框，直接单击"确定"按钮，即可为表格套用所选样式，如图3-78所示。

图3-78

（2）新建表格样式

在"套用表格格式"列表中选择"新建表格样式"选项，如图3-79所示。打开"新建表样式"对话框，在"名称"文本框中输入名称，在"表元素"列表框中选择"整个表"选项，单击"格式"按钮，如图3-80所示。

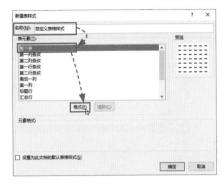

| 图3-79 | 图3-80 |

打开"设置单元格格式"对话框，在"边框"选项卡中设置内边框和外边框样式，单击"确定"按钮，如图3-81所示，设置整个表格的边框样式。

返回"新建表样式"对话框，在"表元素"列表框中选择"标题行"选项，单击"格式"按钮，如图3-82所示。

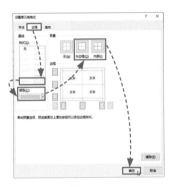

| 图3-81 | 图3-82 |

在打开的"设置单元格格式"对话框中选择"字体"选项卡，设置字体的字形或颜色，如图3-83所示。打开"填充"选项卡，选择一种填充颜色，单击"确定"按钮，如图3-84所示，设置表格标题行的样式。

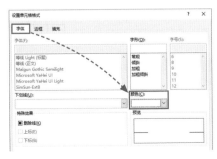

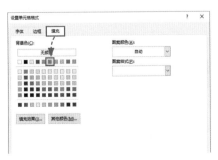

| 图3-83 | 图3-84 |

在"表元素"列表框中选择"第一行条纹"选项,单击"格式"按钮,如图3-85所示。在打开的"设置单元格格式"对话框中选择"填充"选项卡,并选择一种合适的填充颜色,单击"确定"按钮,如图3-86所示,设置表格第一行条纹的样式。

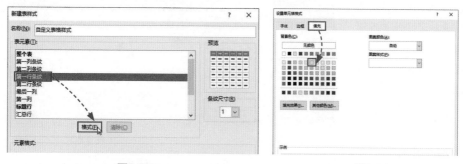

图3-85   图3-86

选择表格,单击"套用表格格式"下拉按钮,从列表中选择自定义的表格样式,弹出"套用表格式"对话框,直接单击"确定"按钮,即可为表格套用自定义的样式,如图3-87所示。

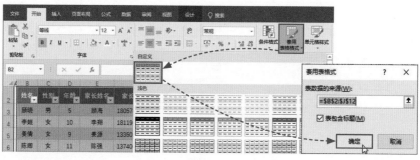

图3-87

经验之谈

为表格套用样式后,表格自动转换为智能表格。如果想要将表格转换成普通的表格,则在"表格工具-设计"选项卡中单击"转换为区域"按钮,如图3-88所示。弹出一个对话框,直接单击"是"按钮即可,如图3-89所示。

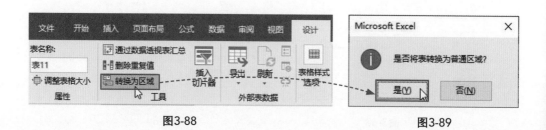

图3-88   图3-89

拓展练习：制作职工食堂一周食谱

通常公司会为职工提供一日三餐，需要职工食堂制作一周食谱来展示每日菜品，如图3-90所示。

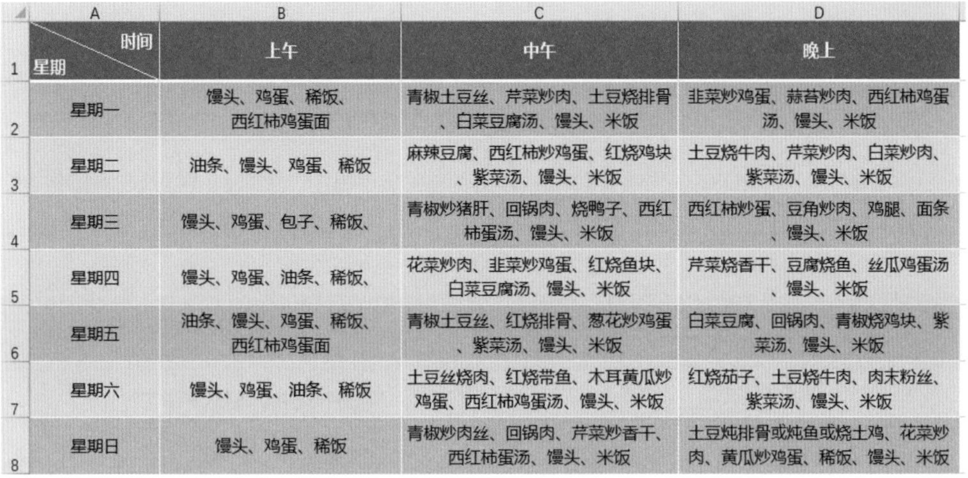

时间 星期	上午	中午	晚上
星期一	馒头、鸡蛋、稀饭、西红柿鸡蛋面	青椒土豆丝、芹菜炒肉、土豆烧排骨、白菜豆腐汤、馒头、米饭	韭菜炒鸡蛋、蒜苔炒肉、西红柿鸡蛋汤、馒头、米饭
星期二	油条、馒头、鸡蛋、稀饭	麻辣豆腐、西红柿炒鸡蛋、红烧鸡块、紫菜汤、馒头、米饭	土豆烧牛肉、芹菜炒肉、白菜炒肉、紫菜汤、馒头、米饭
星期三	馒头、鸡蛋、包子、稀饭	青椒炒猪肝、回锅肉、烧鸭子、西红柿蛋汤、馒头、米饭	西红柿炒蛋、豆角烧肉、鸡腿、面条、馒头、米饭
星期四	馒头、鸡蛋、油条、稀饭	花菜炒肉、韭菜炒鸡蛋、红烧鱼块、白菜豆腐汤、馒头、米饭	芹菜烧香干、豆腐烧鱼、丝瓜鸡蛋汤、馒头、米饭
星期五	油条、馒头、鸡蛋、稀饭、西红柿鸡蛋面	青椒土豆丝、红烧排骨、葱花炒鸡蛋、紫菜汤、馒头、米饭	白菜豆腐、回锅肉、青椒烧鸡块、紫菜、馒头、米饭
星期六	馒头、鸡蛋、油条、稀饭	土豆丝烧肉、红烧带鱼、木耳黄瓜炒鸡蛋、西红柿鸡蛋汤、馒头、米饭	红烧茄子、土豆烧牛肉、肉末粉丝、紫菜汤、馒头、米饭
星期日	馒头、鸡蛋、稀饭	青椒炒肉丝、回锅肉、芹菜炒香干、西红柿蛋汤、馒头、米饭	土豆炖排骨或炖鱼或烧土鸡、花菜炒肉、黄瓜炒鸡蛋、稀饭、馒头、米饭

图3-90

Step 01　首先在工作表中输入相关数据，如图3-91所示。

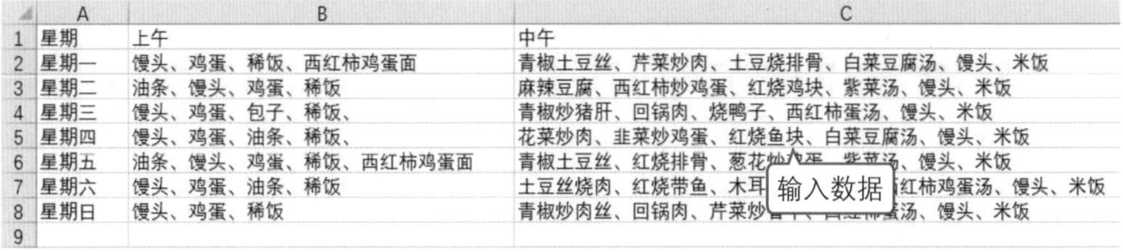

图3-91

Step 02　选择A1:D8单元格区域，在"开始"选项卡中将"字体"设置为"微软雅黑"，将"字号"设置为"12"，并设置"垂直居中"和"居中"对齐，如图3-92所示。

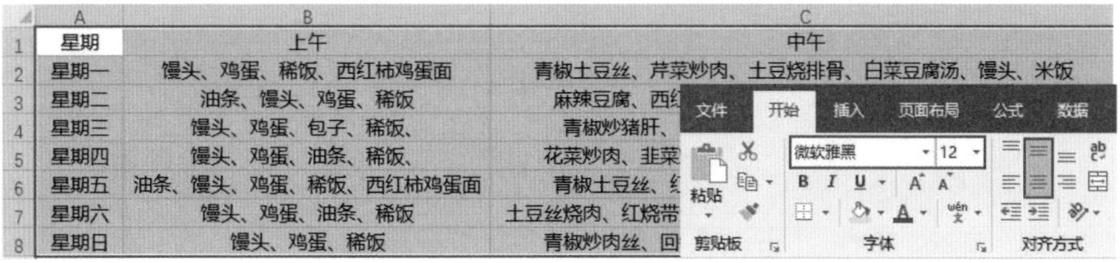

图3-92

Step 03 选择B2:D8单元格区域，在"开始"选项卡中单击"自动换行"按钮，然后调整行高和列宽，如图3-93所示。

图3-93

Step 04 选择A1:D8单元格区域，在"开始"选项卡中单击"套用表格格式"下拉按钮，从列表中选择"蓝色，表样式中等深浅13"选项，弹出"套用表格式"对话框，直接单击"确定"按钮，如图3-94所示。

Step 05 打开"表格工具-设计"选项卡，单击"转换为区域"按钮，弹出一个对话框，单击"是"按钮，如图3-95所示。

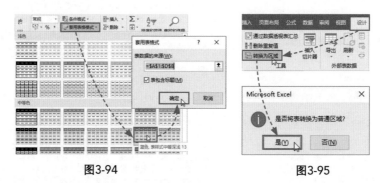

图3-94　　　　　　　　　　　　　　　图3-95

Step 06 在A1单元格中输入"时间"，并将光标插入到"时间"文本后面，按【Alt+Enter】组合键换行，然后设置对齐方式，如图3-96所示。

Step 07 在"开始"选项卡中单击"边框"下拉按钮，从列表中设置线型和线条颜色，如图3-97所示。拖动鼠标，绘制斜线表头即可，如图3-98所示。

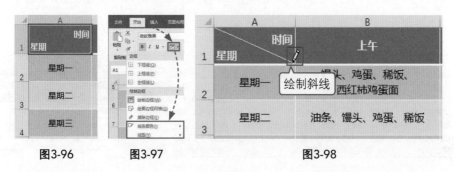

图3-96　　　　　图3-97　　　　　　　图3-98

知识地图

报表美化包含文字格式的设置、文字对齐方式的设置、单元格样式的设置、表格格式的设置等。无论怎么设置,都要遵循一个原则:便于阅读。下面对本章知识点进行系统梳理,以加深印象,提高学习效率。

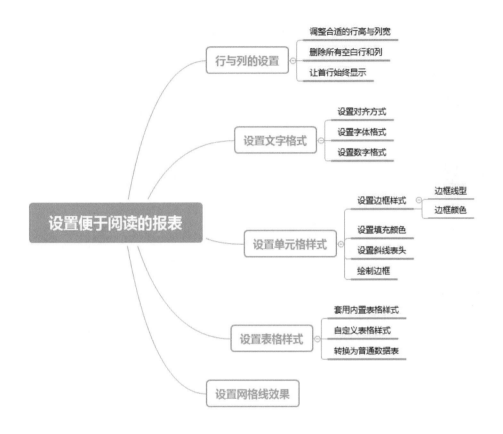

第**4**章

数据处理与分析的花样多

Excel可以对数据进行各种处理分析，就简单的排序来说，都能玩出几种花样，所以千万别小瞧Excel的数据处理分析功能，它能够利用特定的方式对报表中的数据进行科学的分析、有序的归类，帮你轻松获取到所有有效信息。

4.1　分析房地产月销售报表

这是一份房地产月销售报表，我需要将客户类型是"新成交客户"并且面积≥110.56、销售金额≥1000000的数据筛选出来。

我只会一些简单的排序、筛选，这么复杂的筛选，该怎么办啊？

其实这也不复杂，用"高级筛选"功能就好。

4.1.1　对销售数据进行排序

排序可以将杂乱无章的表格梳理得井井有条，从而使用户更直观地查看和理解数据。

（1）简单排序

简单排序就是对一个关键字或字段进行排序，例如，对"销售金额"进行"升序"排序。

选择"销售金额"列任意单元格，在"数据"选项卡中单击"升序"按钮，如图4-1所示，即可将"销售金额"列的数据按照从小到大的顺序排序，如图4-2所示。

图4-1

图4-2

73

👤💬 **经验之谈**

　　选择"成交单价"列任意单元格，在"数据"选项卡中单击"降序"按钮，即可将"成交单价"列的数据按照从大到小的顺序排序，如图4-3所示。

图4-3

（2）多关键字排序

　　除了对单个关键字排序外，用户也可以对两个或两个以上的关键字进行排序。例如，对"客户类型"和"销售金额"进行"升序"排序。

　　选择表格中任意单元格，在"数据"选项卡中单击"排序"按钮，如图4-4所示。

图4-4

　　打开"排序"对话框，在"主要关键字"列表中选择"客户类型"，在"次序"列表中选择"升序"，单击"添加条件"按钮，如图4-5所示，添加"次要关键字"，并将"次要关键字"设置为"销售金额"，将"次序"设置为"升序"，单击"确定"按钮，如图4-6所示。

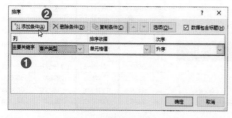

图4-5　　　　　　　　　　　　　　　**图4-6**

此时，表格中的
"客户类型"列数据按
照"升序"排序，"销售
金额"列中的数据根据
"客户类型"升序排
序，如图4-7所示。

	C	D	E	F	G	H	I	J	K
1	客户姓名	客户类型	房号	面积	销售单价	折扣	成交单价	销售金额	付款方式
2	曹兴	老客户	11-2-1102	108.96	8945	97.0%	8676.65	945408	一次性付款
3	赵佳	老客户	7-1-702	108.62	9089	96.0%	8725.44	947757	公积金贷款
4	李霄	老客户	11-2-1101	108.96	8945	98.0%	8766.1	955154	按揭贷款
5	吴乐	老客户	7-8-225	126.35	8945	96.0%	8587.2	1084993	公积金贷款
6	钱进	新成交客户	15-7-810	108.96	8465	98.0%	8295.7	903899	混合贷款
7	孙可	新成交客户	9-1-102	108.62	8922	95.0%	8475.9	920652	商业贷款
8	李媛	新成交客户	5-7-405	108.96	8945	95.0%	8497.75	925915	公积金贷款
9	陈毅	新成交客户	6-9-102	110.56	8945	95.0%	8497.75	939511	一次性付款

图4-7

（3）笔画排序

笔画排序的规则是首先按照首字的笔画数来排序，如果首字的笔画数相同，则依次按第二字、第三字的笔画数来排序。例如，对"客户姓名"进行"升序"排序。

选择表格中任意单元格，在"数据"选项卡中单击"排序"按钮，打开"排序"对话框，将"主要关键字"设置为"客户姓名"，将"次序"设置为"升序"，单击"选项"按钮，打开"排序选项"对话框，选择"笔画排序"单选按钮，单击"确定"按钮即可，如图4-8所示。

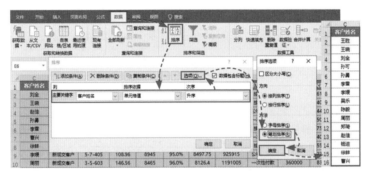

图4-8

（4）按指定序列排序

如果Excel内置的排序无法实现所有情况，例如，按照"一次性付款""按揭贷款""公积金贷款""商业贷款""混合贷款"的顺序排序，则可以自定义序列。

选择表格中任意单元格，打开"排序"对话框，将"主要关键字"设置为"付款方式"，单击"次序"下拉按钮，从列表中选择"自定义序列"选项，如图4-9所示。

图4-9

打开"自定义序列"对话框，在"输入序列"文本框中输入"一次性付款、按揭贷款、公积金贷款、商业贷款、混合贷款"，单击"添加"按钮，将其添加到"自定义序列"列表框中，单击"确定"按钮即可，如图4-10所示。

图4-10

"销售金额"中部分单元格标记了颜色，如果需要按照"红""黄""蓝"从高到低的顺序排序，则需要打开"排序"对话框，将"主要关键字"和"次要关键字"设置为"销售金额"，将"排序依据"设置为"单元格颜色"，并在"次序"列表中依次选择红色、黄色、蓝色，单击"确定"按钮即可，如图4-11所示。

图4-11

此外，在"排序"对话框中还可以按照"字体颜色""条件格式图标"排序依据进行排序，如图4-12所示。

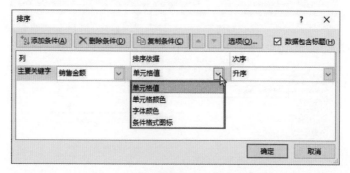

图4-12

▶扫一扫 看视频◀

在繁杂的数据中，使用"筛选"功能可以将需要的数据快速查找并显示出来，过滤多余的干扰。

（1）按文本特征筛选

如果想要查看"公积金贷款"的销售数据，则可以对"付款方式"进行筛选。

选择表格中任意单元格，在"数据"选项卡中单击"筛选"按钮，如图4-13所示。

图4-13

进入筛选状态，单击"付款方式"右侧的下拉按钮，从列表中取消对"全选"复选框的勾选，并勾选"公积金贷款"复选框，单击"确定"按钮，即可将"公积金贷款"的销售数据筛选出来，如图4-14所示。

此外，在"搜索框"中输入"公积金贷款"，如图4-15所示，按回车键确认，也可以将相关数据筛选出来。

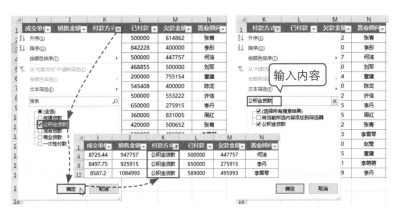

图4-14　　　　　　　　图4-15

如果用户需要取消筛选，则在"数据"选项卡中单击"清除"按钮，如图4-16所示，即可清除筛选结果，恢复原始状态。

（2）按数字筛选

例如，将欠款金额大于500000的销售数据筛选出来。

图4-16

选择表格中任意单元格，按【Ctrl+Shift+L】组合键，进入筛选状态，单击"欠款金额"右侧下拉按钮，从列表中选择"数字筛选"选项，并从其级联菜单中选择"大于"选项，如图4-17所示。

图4-17

打开"自定义自动筛选方式"对话框，在"大于"文本后面输入"500000"，单击"确定"按钮即可，如图4-18所示。

图4-18

注意事项 对数据进行筛选是将符合条件的数据筛选出来，而不符合条件的数据被隐藏起来了，并没有被删除。

（3）按日期筛选

例如，将介于"2020/10/5"和"2020/10/15"之间的销售数据筛选出来。

选择表格中任意单元格，按【Ctrl+Shift+L】组合键，进入筛选状态，单击"日期"右侧的下拉按钮，从列表中选择"日期筛选"选项，并从其级联菜单中选择"介于"选项，如图4-19所示。

图4-19

打开"自定义自动筛选方式"对话框，在"在以下日期之后或与之相同"后面的文本框中输入"2020/10/5"，在"在以下日期之前或与之相同"后面的文本框中输入"2020/10/15"，单击"确定"按钮即可，如图4-20所示。

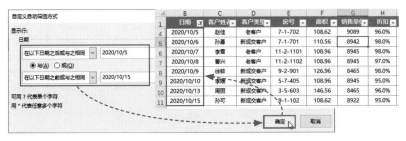

图4-20

若要恢复原来的数据，则单击下拉按钮，从列表中选择"从'日期'中清除筛选"选项即可，如图4-21所示。

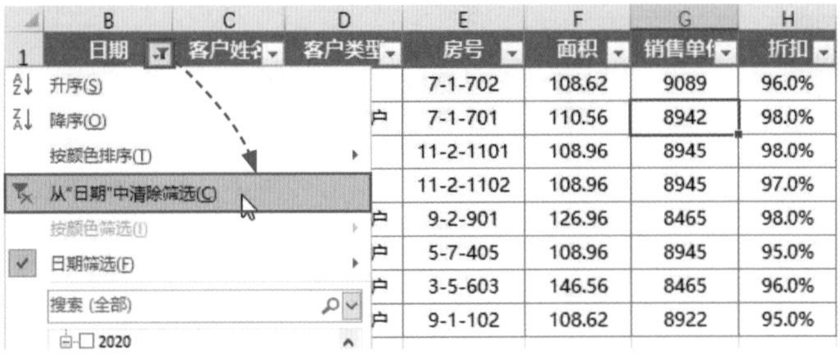

图4-21

（4）模糊筛选

"模糊筛选"和"查找和替换"中的模糊查找类似，需要使用通配符"*"和"?"。例如，将姓"李"的置业顾问筛选出来。

选择表格中任意单元格，按【Ctrl+Shift+L】组合键进入筛选状态，单击"置业顾问"右侧下拉按钮，从列表中选择"文本筛选"选项，并从其级联菜单中选择"自定义筛选"选项，如图4-22所示。

图4-22

打开"自定义自动筛选方式"对话框,在"等于"文本后面输入"李*",单击"确定"按钮即可,如图4-23所示。

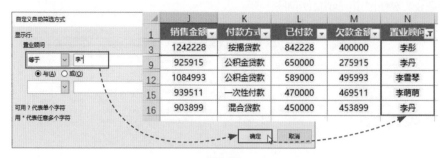

图4-23

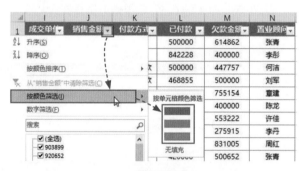

经验之谈

如果单元格填充了不同的颜色,则可以按照颜色进行筛选,如图4-24所示。

图4-24

4.1.3 对销售数据执行高级筛选

在实际应用中,可能需要设置多个条件,按照指定的多个条件筛选数据。多条件有"与"和"或"两种关系。

(1)同时满足多个条件

例如,将客户类型为"新成交客户",面积大于或等于110.56,并且销售金额大于或等于1000000的数据筛选出来。

首先在表格的下方创建筛选条件,如图4-25所示。

	A	B	C	D	E	F	G	H	I	J
1	序号	日期	客户姓名	客户类型	房号	面积	销售单价	折扣	成交单价	销售金额
12	11	2020/10/20	吴乐	老客户	7-8-225	126.35	8945	96.0%	8587.2	1084993
13	12	2020/10/22	郑琦	新成交客户	10-9-101	108.96	9288	96.0%	8916.48	971540
14	13	2020/10/26	王胜	新成交客户	7-5-589	126.35	8465	95.0%	8041.75	1016075
15	14	2020/10/28	陈毅	新成交客户	6-9-102	110.56	8945	95.0%	8497.75	939511
16	15	2020/10/30	钱进	新成交客户	15-7-810	108.96	8465	98.0%	8295.7	903899
18		客户类型	面积	销售金额						
19		新成交客户	>=110.56	>=1000000		创建筛选条件				

图4-25

选择表格中任意单元格，在"数据"选项卡中单击"高级"按钮，如图4-26所示。

图4-26

打开"高级筛选"对话框，在"列表区域"默认显示表格区域，在"条件区域"中用鼠标框选创建的筛选条件区域，单击"确定"按钮，如图4-27所示。

图4-27

此时，满足条件的数据被筛选出来，如图4-28所示。如果不再需要筛选，则单击"清除"按钮 ＼清除 即可还原。

图4-28

注意事项 创建筛选条件时，其列标题必须与需要筛选的表格数据的列标题一致，否则无法筛选出正确的结果。

（2）满足多个条件中的任意一个条件

例如，将客户类型为"新成交客户"，销售金额大于1000000，或付款方式为"一次性付款"的数据筛选出来。

首先在表格下方创建筛选条件,如图4-29所示。然后选择表格中任意单元格,单击"高级"按钮,打开"高级筛选"对话框,设置"列表区域"和"条件区域",单击"确定"按钮,如图4-30所示。

 注意事项 设置筛选条件时,当条件都在同一行时,表示"与"关系;当条件不在同一行时,表示"或"关系。

图4-29

图4-30

此时,符合条件的数据被筛选出来,如图4-31所示。

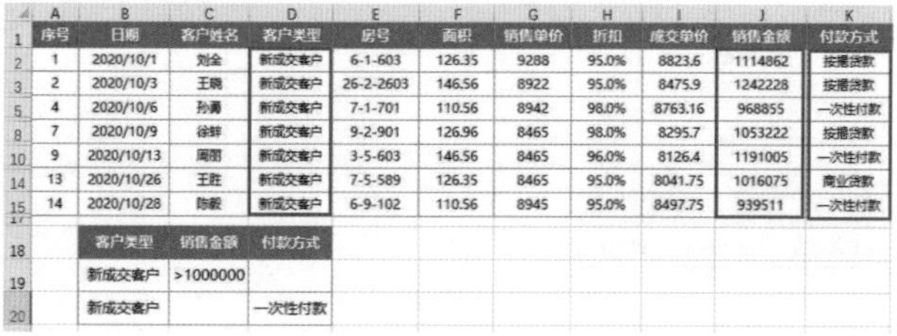

图4-31

经验之谈

如果表格中存在重复数据,则利用"筛选"功能,可以将表格内的重复数据隐藏起来。选择表格中任意单元格,在"数据"选项卡中单击"高级"按钮,打开"高级筛选"对话框,在"列表区域"中框选整张表格,勾选"选择不重复的记录"复选框,单击"确定"按钮,如图4-32所示,即可将重复的数据隐藏起来,只保留其中一条,如图4-33所示。

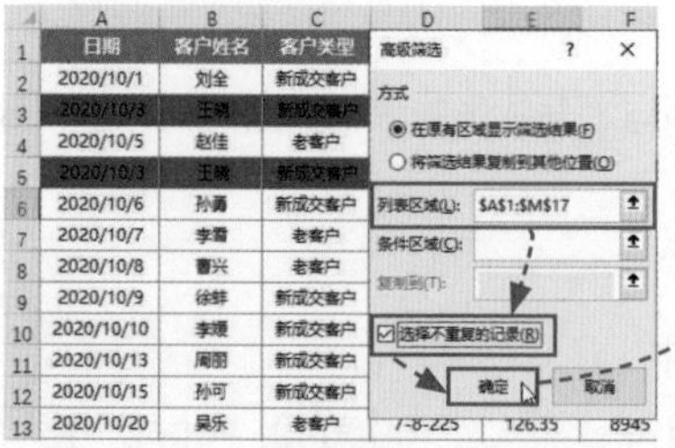

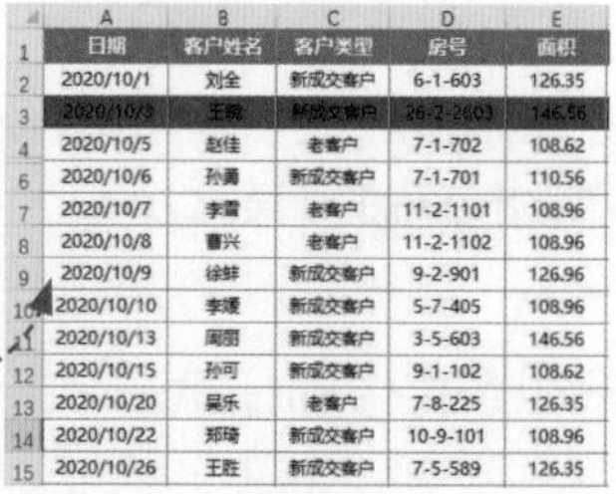

图4-32

图4-33

4.2 对管理费用支出明细表进行分类汇总

管理费用支出明细表用来记录公司管理所支出的费用,如图4-34所示。为了统计各项费用支出,可以对表格进行分类汇总。

	A	B	C	D
1	日期	管理费用明细	支出金额	部门
2	2020/5/1	工资	¥16,709.00	行政部
3	2020/5/1	职工福利费	¥4,784.00	行政部
4	2020/5/3	劳保费	¥15,703.00	工艺部
5	2020/5/3	差旅费	¥1,540.00	销售部
6	2020/5/3	运输费	¥2,987.00	采购部
7	2020/5/10	会议费	¥3,907.00	开发部
8	2020/5/10	差旅费	¥889.00	销售部
9	2020/5/10	折旧费	¥11,260.00	生产部
10	2020/5/10	广告费	¥15,209.00	设计部

图4-34

4.2.1 单项分类汇总

单项分类汇总是按照某一个字段的内容进行分类,并统计出汇总结果。例如,按"管理费用明细"对"支出金额"进行汇总。

首先选择"管理费用明细"列任意单元格,在"数据"选项卡中单击"升序"按钮,进行排序,如图4-35所示。接着单击"分类汇总"按钮,打开"分类汇总"对话框,将"分类字段"设置为"管理费用明细",将"汇总方式"设置为"求和",在"选定汇总项"中勾选"支出金额",单击"确定"按钮,如图4-36所示。

此时,管理费用支出明细表中的数据按照"管理费用明细"进行分类汇总,如图4-37所示。

图4-35

图4-36

> **经验之谈**
>
> 如果用户想要删除分类汇总的结果,则需要再次打开"分类汇总"对话框,直接单击"全部删除"按钮即可。

1 2 3		A	B	C	D
	1	日期	管理费用明细	支出金额	部门
	2	2020/5/16	办公费	¥2,085.00	行政部
	3	2020/5/20	办公费	¥785.00	设计部
	4		办公费 汇总	¥2,870.00	
	5	2020/5/3	差旅费	¥1,540.00	销售部
	6	2020/5/10	差旅费	¥889.00	销售部
	7		差旅费 汇总	¥2,429.00	
	8	2020/5/1	工资	¥16,709.00	行政部
	9	2020/5/16	工资	¥22,676.00	销售部
	10		工资 汇总	¥39,385.00	
	11	2020/5/10	广告费	¥15,209.00	设计部
	12	2020/5/25	广告费	¥11,018.00	设计部
	13		广告费 汇总	¥26,227.00	
	14	2020/5/10	会议费	¥3,907.00	开发部
	15		会议费 汇总	¥3,907.00	
	16	2020/5/3	劳保费	¥15,703.00	工艺部
	17	2020/5/25	劳保费	¥5,258.00	工艺部
	18		劳保费 汇总	¥20,961.00	
	19	2020/5/3	运输费	¥2,987.00	采购部
	20	2020/5/16	运输费	¥1,420.00	采购部
	21		运输费 汇总	¥4,407.00	
	22	2020/5/10	折旧费	¥11,260.00	生产部
	23	2020/5/20	折旧费	¥11,902.00	生产部
	24		折旧费 汇总	¥23,162.00	
	25	2020/5/1	职工福利费	¥4,784.00	行政部
	26	2020/5/25	职工福利费	¥10,108.00	开发部
	27		职工福利费 汇总	¥14,892.00	
	28		总计	¥138,240.00	

图4-37

4.2.2　嵌套分类汇总

嵌套分类汇总是在一个分类汇总的基础上，对其他字段进行再次分类汇总。例如，按照"日期"和"部门"对"支出金额"进行汇总。

首先打开"排序"对话框，将"主要关键字"设置为"日期"，次序设置为"升序"，将"次要关键字"设置为"部门"，次序设置为"升序"，单击"确定"按钮，如图4-38所示。

图4-38

在"数据"选项卡中单击"分类汇总"按钮，打开"分类汇总"对话框，将"分类字段"设置为"日期"，将"汇总方式"设置为"求和"，在"选定汇总项"列表框中勾选"支出金额"复选框，单击"确定"按钮，如图4-39所示。

再次打开"分类汇总"对话框，将"分类字段"设置为"部门"，将"汇总方式"设置为"求和"，在"选定汇总项"中勾选"支出金额"，并取消勾选"替换当前分类汇总"复选框，单击"确定"按钮，如图4-40所示。

 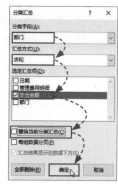

图4-39　　　　　　　图4-40

> **注意事项**　在设置第二个字段时，需要取消勾选"替换当前分类汇总"复选框，否则该字段的分类汇总会覆盖上一次的分类汇总结果。

此时，按照"日期"和"部门"字段分类对"支出金额"进行了汇总，如图4-41所示。

					A	B	C	D
				1	日期	管理费用明细	支出金额	部门
				2	2020/5/1	工资	¥16,709.00	行政部
				3	2020/5/1	职工福利费	¥4,784.00	行政部
				4			¥21,493.00	**行政部 汇总**
				5	**2020/5/1 汇总**		¥21,493.00	
				6	2020/5/3	运输费	¥2,987.00	采购部
				7			¥2,987.00	**采购部 汇总**
				8	2020/5/3	劳保费	¥15,703.00	工艺部
				9			¥15,703.00	**工艺部 汇总**
				10	2020/5/3	差旅费	¥1,540.00	销售部
				11			¥1,540.00	**销售部 汇总**
				12	**2020/5/3 汇总**		¥20,230.00	

图4-41

分类汇总后,单击工作表左上角的"1"按钮,即可只显示"总计"项,如图4-42所示。

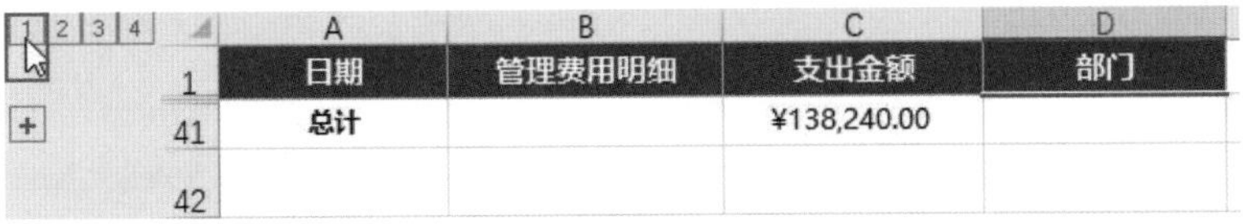

图4-42

单击左上角的"2"按钮,即可显示"日期"的汇总信息,如图4-43所示。

图4-43

单击左上角的"3"按钮,即可显示"日期"和"部门"的汇总信息,如图4-44所示。单击"4"按钮,即可显示全部汇总信息。

图4-44

4.2.3 复制分类汇总结果

对数据进行分类汇总后,用户可以将汇总结果复制到新工作表中,方便其他操作。

方法一 使用对话框复制汇总结果

首先单击工作表左上角的"2"按钮,只显示汇总数据,然后选择汇总数据,如图4-45所示。在"开始"选项卡中单击"查找和选择"下拉按钮,从列表中选择"定位条件"选项,如图4-46所示。

图4-45

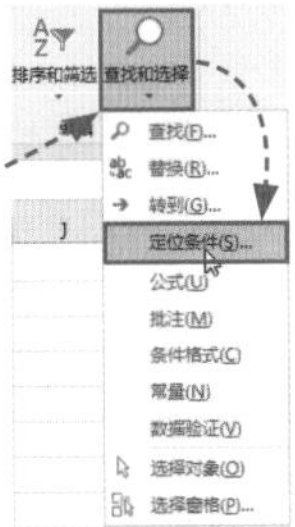

图4-46

打开"定位条件"对话框，选择"可见单元格"单选按钮，单击"确定"按钮，如图4-47所示。定位汇总表中的可见单元格，按【Ctrl+C】组合键进行复制，然后按【Ctrl+V】组合键将其粘贴到新工作表中，如图4-48所示。

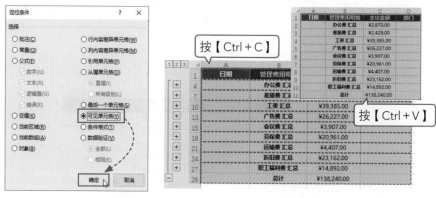

图4-47	图4-48

方法二 使用快捷键复制汇总结果

选择汇总数据，按【Alt+;】组合键，选中当前显示的单元格，如图4-49所示，接着复制粘贴汇总数据即可。

图4-49

4.3 合并计算每月销售报表

销售人员将3个月的商品销售情况单独输入到工作表中，如图4-50所示。季度汇报时，要想将三个月的数据汇总计算，可以使用"合并计算"功能。

商品	销售数量	销售总额
洗衣机	100	¥150,000
微波炉	270	¥240,300
冰箱	360	¥432,000
空调	500	¥1,250,000
液晶电视	420	¥798,000

商品	销售数量	销售总额
电烤箱	600	¥588,000
冰箱	250	¥300,000
微波炉	440	¥391,600
空调	650	¥1,625,000
液晶电视	720	¥1,368,000

商品	销售数量	销售总额
洗碗机	400	¥1,040,000
空调	650	¥1,625,000
微波炉	330	¥293,700
冰箱	480	¥576,000
液晶电视	390	¥741,000
抽油烟机	600	¥360,000

图4-50

4.3.1　对多表数据执行合并计算

　　如果用户需要将"1月""2月""3月"工作表中的数据汇总计算到"一季度汇总"工作表中,则需要打开"一季度汇总"工作表,选择A1

单元格,在"数据"选项卡中单击"合并计算"按钮,打开"合并计算"对话框,将"函数"设置为"求和",单击"引用位置"右侧的折叠按钮,选择"1月"工作表中的数据区域,单击"添加"按钮,将其添加到"所有引用位置"列表框中,如图4-51所示。

图4-51

　　按照上述方法,将"2月"和"3月"工作表中的数据添加到"所有引用位置"列表框中,如图4-52所示。

　　最后勾选"首行"和"最左列"复选框,单击"确定"按钮即可,如图4-53所示。用户可以根据需要为表格添加边框和底纹,美化一下表格,如图4-54所示。

图4-52

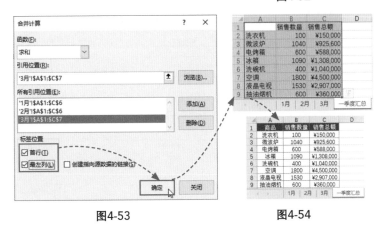

图4-53　　　　　　　　　　　图4-54

4.3.2　创建链接到数据源的合并计算

　　如果用户想要合并计算的结果能够根据源数据表的变化而自动更新,则可以创建链接到数据源的合并计算。

在进行合并计算时，只需要在"合并计算"对话框中勾选"创建指向源数据的链接"复选框，单击"确定"按钮即可，如图4-55所示。

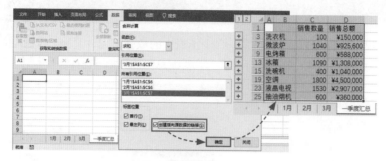

图4-55

当用户修改表格中的数据时，例如，将"空调"的销售数量修改为900，如图4-56所示。合并计算结果也进行相应的更新，如图4-57所示。

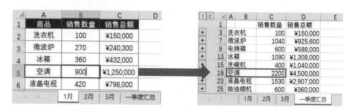

图4-56   图4-57

4.3.3 修改合并计算的区域

当表格中的数据区域发生变化时，用户需要修改合并计算的区域。例如，删除"3月"工作表中的某条数据，如图4-58所示。

图4-58

此时需要打开"合并计算"对话框，在"所有引用位置"列表框中选择引用区域，单击"删除"按钮，将其删除，如图4-59所示。接着将光标插入到"引用位置"文本框中，单击折叠按钮，如图4-60所示。

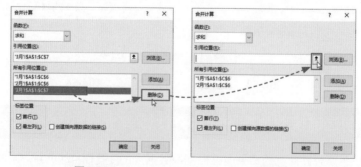

图4-59   图4-60

重新选择"3月"工作表中的数据区域,如图4-61所示。单击"添加"按钮,将其添加到"所有引用位置"列表框中即可,如图4-62所示。

图4-61

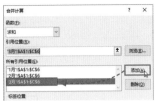

图4-62

4.4 直观分析商品库存表

商品库存表用来综合统计商品的出入库情况,如图4-63所示。采购人员可以使用"条件格式"来对商品库存情况进行统计分析。

	商品代码	商品名称	单位	期初库存	进货量	出库量	结余库存
1	商品代码	商品名称	单位	期初库存	进货量	出库量	结余库存
2	100101	订书机	个	20	90	60	50
3	100102	剪刀	把	50	80	125	5
4	100103	大号记号笔	个	40	60	80	20
5	100104	黑笔	支	22	100	90	32
6	100105	铅笔	支	10	110	117	3
7	100106	红笔	支	15	105	90	30
8	100107	回形针	盒	30	90	100	20
9	100108	橡皮	个	25	100	117	8
10	100109	直尺	个	18	108	105	21
11	100110	三角尺	个	33	109	110	32
12	100111	笔记本	本	15	101	90	26

图4-63

4.4.1 突出显示需要补货的库存

假设"结余库存"数量小于10,则需要补货,现在需要将"结余库存"数量小于10的突出显示出来。

选择G2:G12单元格区域,在"开始"选项卡中单击"条件格式"下拉按钮,从列表中选择"突出显示单元格规则"选项,并从其级联菜单中选择"小于"选项,如图4-64所示。

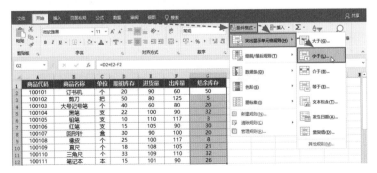

图4-64

打开"小于"对话框，在"为小于以下值的单元格设置格式"文本框中输入"10"，在"设置为"列表中选择"浅红填充色深红色文本"选项，单击"确定"按钮，如图4-65所示，即可将"结余库存"数量小于10的单元格突出显示出来，如图4-66所示。

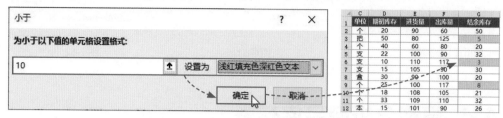

图4-65　　　　　　　　　　　　　　　　　　图4-66

4.4.2　突出显示重复的库存商品

如果库存表中存在重复的商品名称，则可以将其突出显示出来。

选择B2:B12单元格区域，在"开始"选项卡中单击"条件格式"下拉按钮，从列表中选择"突出显示单元格规则"选项，并从其级联菜单中选择"重复值"选项，打开"重复值"对话框，在"为包含以下类型值的单元格设置格式"列表中选择"重复"选项，在"设置为"列表中选择"黄填充色深黄色文本"选项，单击"确定"按钮，即可将重复的"商品名称"突出显示出来，如图4-67所示。

此外，如果库存表中存在整条重复记录，也可以使用"条件格式"，将其突出显示出来。

选择A2:G13单元格区域，单击"条件格式"下拉按钮，从列表中选择"新建规则"选项，如图4-68所示。

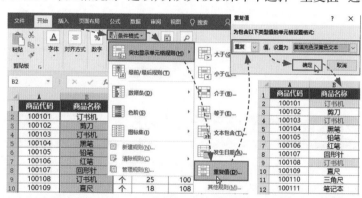

图4-67

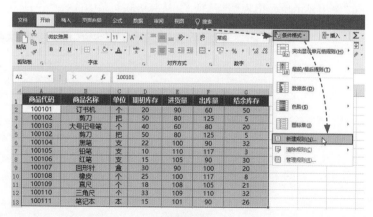

图4-68

打开“新建格式规则”对话框，在“选择规则类型”列表框中选择“使用公式确定要设置格式的单元格”选项，并在“为符合此公式的值设置格式”文本框中输入公式“=COUNTIF($A$2:$G$13,$A2)>1”，单击“格式”按钮，如图4-69所示。打开“设置单元格格式”对话框，在“填充”选项卡中选择合适的背景颜色，这里选择黄色，单击“确定”按钮，如图4-70所示。

返回“新建格式规则”对话框，直接单击“确定”按钮，即可将表格中重复的记录用黄色底纹标记出来，如图4-71所示。

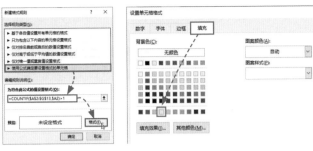

图4-69

图4-70

	A	B	C	D	E	F	G
1	商品代码	商品名称	单位	期初库存	进货量	出库量	结余库存
2	100101	订书机	个	20	90	60	50
3	100102	剪刀	把	50	80	125	5
4	100103	大号记号笔	个	40	60	80	20
5	100102	剪刀	把	50	80	125	5
6	100104	黑笔	支	22	100	90	32
7	100105	铅笔	支	10	110	117	3
8	100106	红笔	支	15	105	90	30
9	100107	回形针	盒	30	90	100	20
10	100108	橡皮	个	25	100	117	8
11	100109	直尺	个	18	108	105	21
12	100110	三角尺	个	33	109	110	32
13	100111	笔记本	本	15	101	90	26

图4-71

4.4.3 用色阶体现库存数量

在对数据进行查看比较时，为了能够更直观地了解整体效果，用户可以使用“色阶”功能来展示数据的整体分布情况。例如，为库存数量添加色阶。

选择D2:G12单元格区域，单击“条件格式”下拉按钮，从列表中选择“色阶”选项，并从其级联菜单中选择需要的色阶，这里选择“红-黄-绿色阶”，即可为库存数量添加色阶，如图4-72所示。

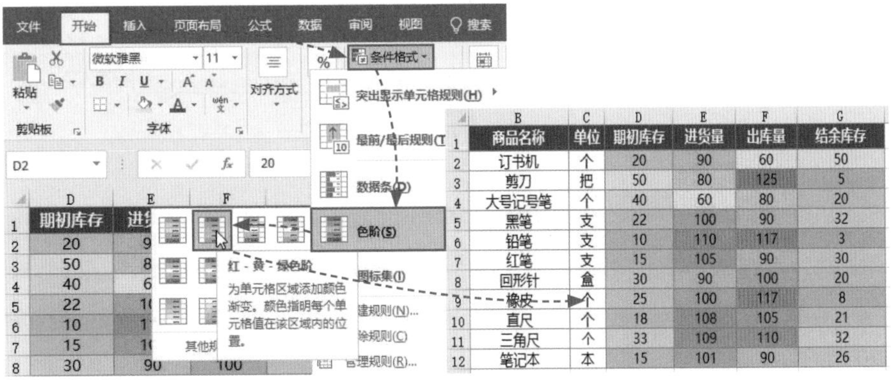

图4-72

其中, 红色代表最大值, 黄色代表中间值, 绿色代表最小值。

4.4.4　用数据条展示期初库存

为数据添加"数据条"可以快速为一组数据插入底纹颜色, 并根据数值的大小自动调整长度。例如, 为"期初库存"添加数据条。

选择D2:D12单元格区域, 单击"条件格式"下拉按钮, 从列表中选择"数据条"选项, 并从其级联菜单中选择合适的样式, 即可为"期初库存"添加数据条, 如图4-73所示。

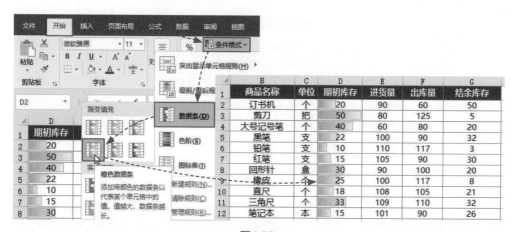

图4-73

其中, 数值越大, 数据条越长; 数值越小, 数据条越短。

> **经验之谈**
>
> 如果用户想要清除设置的条件格式, 则需要单击"条件格式"下拉按钮, 从列表中选择"清除规则"选项, 并从其级联菜单中按照需要进行选择即可, 如图4-74所示。

图4-74

4.4.5　图标集的应用

图标集用于标示数据属于哪一个区段, 为数据添加"图标集"可以对数据进行等级划分, 使数据的分布情况一目了然。例如, 为"结余库存"添加图标集。

选择G2:G12单元格区域, 单击"条件格式"下拉按钮, 从列表中选择"图标集"选项,并从其级联菜单中选择合适的样式, 即可为 "结余库存" 添加图标集, 如图4-75所示。

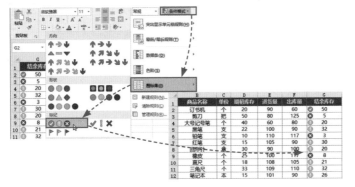

图4-75

如果用户需要手动设置规则, 例如, 设置 "结余库存" ≥30, 显示为 "✅"; "结余库存" ≥20且<30, 显示为 "❗", "结余库存" <20, 显示为 "❌", 则选择G2:G12单元格区域, 单击 "条件格式" 下拉按钮, 从列表中选择 "管理规则" 选项, 打开 "条件格式规则管理器" 对话框, 选择规则, 单击 "编辑规则" 按钮, 如图4-76所示。

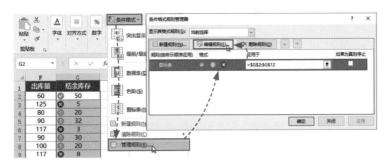

图4-76

打开 "编辑格式规则" 对话框, 在 "根据以下规则显示各个图标" 区域, 设置图标显示规则, 单击 "确定" 按钮, 如图4-77所示, 即可为 "结余库存" 添加设置的图标集, 如图4-78所示。

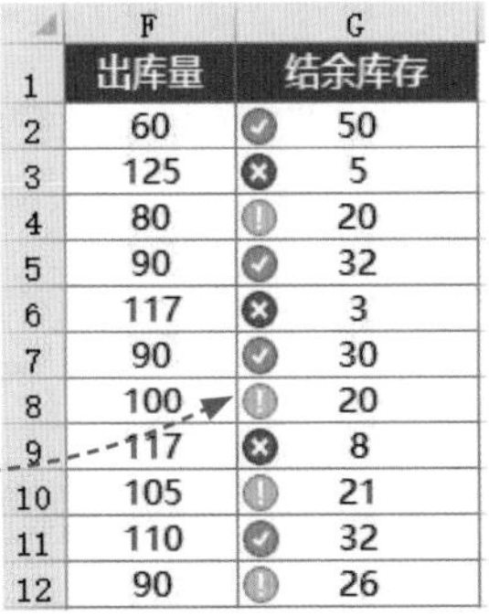

图4-77　　　　　　　　图4-78

拓展练习：分析员工销售业绩提成表

▶扫一扫 看视频◀

销售业绩提成表中记录了每个员工当月的销售业绩和提成工资，如图4-79所示，用户可以对销售业绩进行分析。

Step 01 选择表格任意单元格，按【Ctrl+Shift+L】组合键进入筛选状态，单击"岗位"右侧下拉按钮，从列表中取消对"全选"的勾选，并勾选"区域经理"复选框，单击"确定"按钮，即可将"区域经理"的销售业绩筛选出来，如图4-80所示。

序号	工号	姓名	岗位	当月业绩（万）	提成比例	提成工资
1	YZ0068	张琪	客户经理	120	3.00%	36000
2	YZ0069	王晓	区域经理	2600	0.60%	156000
3	YZ0070	刘欢	客户经理	80	3.00%	24000
4	YZ0071	周丽	门店经理	880	0.20%	17600
5	YZ0072	韩宇	区域经理	220	0.60%	13200
6	YZ0073	孙杨	门店经理	8700	0.20%	174000
7	YZ0074	徐雪	客户经理	300	3.00%	90000
8	YZ0075	李妍	区域经理	600	0.60%	36000

图4-79

Step 02 选择E2:E9单元格区域，在"开始"选项卡中单击"条件格式"下拉按钮，从列表中选择"最前/最后规则"选项，并从其级联菜单中选择"前10项"选项，如图4-81所示。

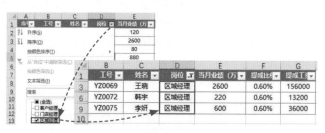

图4-80

Step 03 打开"前10项"对话框，在"为值最大的那些单元格设置格式"数值框中输入"3"，在"设置为"列表中选择"浅红填充色深红色文本"选项，单击"确定"按钮，即可将"当月业绩"最大的前三个突出显示出来，如图4-82所示。

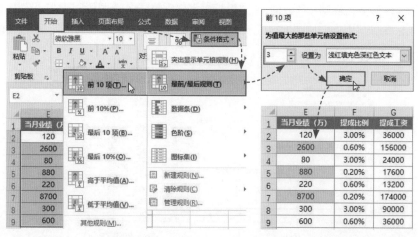

图4-81

图4-82

Step 04　选择"提成工资"列任意单元格,在"数据"选项卡中单击"升序"按钮,如图
4-83所示,即可将"提成工资"列中的数据按照从小到大的顺序进行排序,如图4-84所示。

图4-83

图4-84

注意
事项　对数据进行筛选后,"筛选"按钮是呈现选中状态的,如图4-85所示。只需要再次单击这个按钮,取消选中状态,就可以清除筛选了。

图4-85

知识地图

在日常工作中,经常会利用各种筛选手段筛选出各类有效数据。本章对数据的排序与筛选功能进行了详细的介绍。为了巩固所学知识,下面着重对数据筛选相关知识点进行系统梳理,希望能够加深读者的印象,提高学习效率。

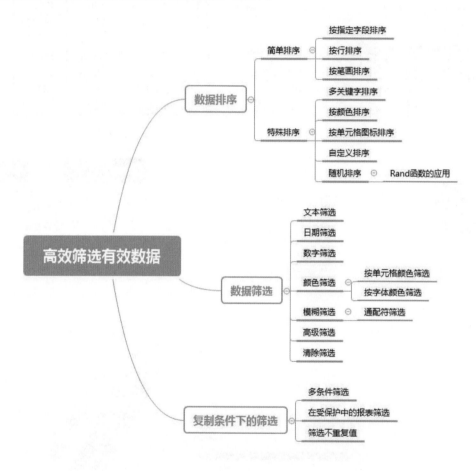

第**5**章

掌握Excel公式与函数要及时

提到"函数",就会给人一种很高深的感觉。许多人认为只有大神级别的人才会使用,普通菜鸟根本"用不起"。如果有这种想法,那就大错特错了!其实函数并没有我们想象中的难学。不信,那就一起往下看……

5.1 统计比赛成绩

一场比赛中，为了统计各个选手的比赛成绩，需要制作比赛评分表，如图5-1所示。下面通过统计不同评委给出的分数来介绍如何输入公式、编辑公式、复制和填充公式等。

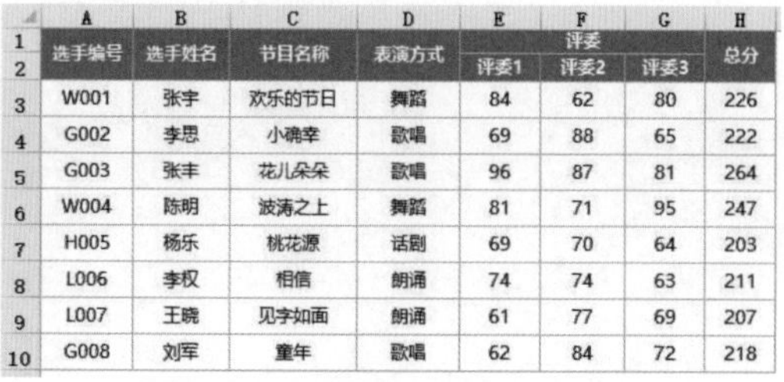

选手编号	选手姓名	节目名称	表演方式	评委1	评委2	评委3	总分
W001	张宇	欢乐的节日	舞蹈	84	62	80	226
G002	李思	小确幸	歌唱	69	88	65	222
G003	张丰	花儿朵朵	歌唱	96	87	81	264
W004	陈明	波涛之上	舞蹈	81	71	95	247
H005	杨乐	桃花源	话剧	69	70	64	203
L006	李权	相信	朗诵	74	74	63	211
L007	王晓	见字如面	朗诵	61	77	69	207
G008	刘军	童年	歌唱	62	84	72	218

图5-1

5.1.1 认识 Excel 公式

公式就是以"="开始的一组运算等式。Excel公式通常由"等号""运算符""单元格引用""函数""数据常量"等组成，如表5-1所示。

表5-1

公式	组成
= 2*5 + 6*3	包含常量运算的公式
= A1*5 + A4*8	包含单元格引用的公式
= 金额*数量	包含名称的公式
= SUM(A1:A7)	包含函数的公式

公式能自动完成设定的计算，并在其所在单元格返回计算结果。例如，在H3单元格中输入公式"＝84＋62＋80"，如图5-2所示。按【Enter】键确认，即可在该单元格中计算出求和结果，如图5-3所示。

 图5-2

 图5-3

 注意事项 上述公式"＝84＋62＋80"是Excel公式的基础形式，但不建议输入这种形式的公式，因为这种公式无法通过复制计算其他数值。

5.1.2 Excel 公式中包含哪些运算符

运算符是公式中各个运算对象的纽带，每个运算符分别代表一种运算。Excel中包含算术运算符、比较运算符、文本运算符和引用运算符4种类型的运算符。

（1）算术运算符

算术运算符用于执行各种常规的算术运算，主要包含加、减、乘、除、百分比以及乘幂等，如表5-2所示。执行算术运算返回的结果只能是数值类型的数据。

表5-2

运算符	名称	含义	示例
＋	加号	进行加法运算	＝2＋9
－	减号	进行减法运算	＝6–2
	负号	求相反数	＝9*-3
*	乘号	进行乘法运算	＝8*6
/	除号	进行除法运算	＝8/2
∧	乘幂	进行乘方和开方运算	＝4^2
%	百分号	将一个数缩小至原来的百分之一	＝50%

（2）比较运算符

比较运算符用于比较数据的大小，其包括＝、<>、>、<、>=、<=等，如表5-3所示。执行比较运算返回的结果只能是逻辑值TRUE或FALSE。

表5-3

运算符	名称	含义	示例
＝	等于	判断＝左右两边的数据是否相等	＝A1＝A2
<>	不等于	判断<>左右两边的数据是否相等	＝A1<>B1
>	大于	判断>左边的数据是否大于右边的数据	＝7>5
<	小于	判断<左边的数据是否小于右边的数据	＝3<9
>＝	大于等于	判断>＝左边的数据是否大于或等于右边的数据	＝C2>＝2
<＝	小于等于	判断<＝左边的数据是否小于或等于右边的数据	＝A2<＝6

（3）文本运算符

文本运算符主要用于将文本字符或字符串进行连接和合并。文本运算符只有一个：&，如表5-4所示。

表5-4

运算符	名称	含义	示例
&	连接符号	将两个文本连接在一起形成一个连续的文本	＝A1&B1

（4）引用运算符

引用运算符主要用于在工作表中产生单元格引用。Excel公式中的引用运算符共有3个：冒号（:）、空格、逗号（,），如表5-5所示。

表5-5

运算符	名称	含义	示例
:	冒号	对两个引用之间包括两个引用在内的所有单元格进行引用	= SUM(A1:A10)
空格	单个空格	对两个引用相交叉的区域进行引用	= SUM(A1:C5 B3:D7)
,	逗号	将多个引用合并为一个引用	= SUM(A1:C5,E1:G5)

5.1.3 输入公式

在单元格中输入公式可以计算出结果，用户可以选择直接输入或者自动引用。

（1）直接输入

选择H3单元格，直接输入等号和计算式，如图5-4所示。按【Enter】键确认，即可计算出结果，如图5-5所示。

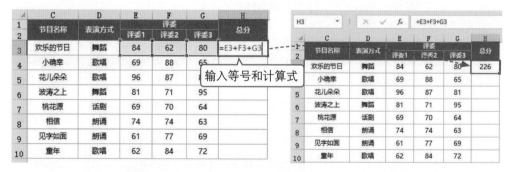

图5-4　　　　　　　　　　　　　　　　　　图5-5

经验之谈

用户也可以选择H3单元格后，将光标插入到"编辑栏"中直接输入公式，如图5-6所示。

图5-6

（2）自动引用

选择H3单元格，先输入"="，然后单击选中需要引用的E3单元格，如图5-7所示；再输入"+"，单击选中F3单元格，如图5-8所示；按照同样的方法，输入公式即可，如图5-9所示。

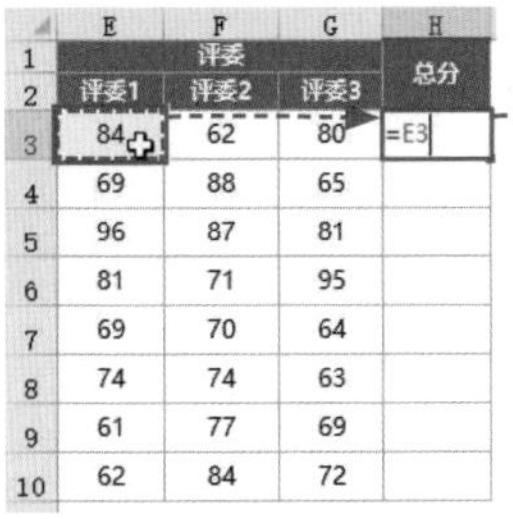

	E	F	G	H
1		评委		总分
2	评委1	评委2	评委3	
3	84	62	80	=E3
4	69	88	65	
5	96	87	81	
6	81	71	95	
7	69	70	64	
8	74	74	63	
9	61	77	69	
10	62	84	72	

图5-7

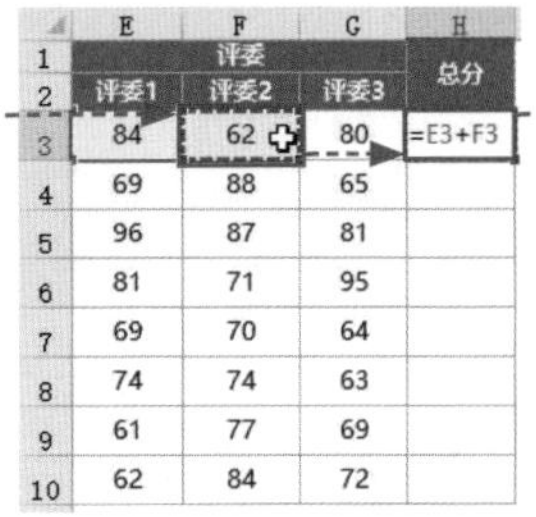

	E	F	G	H
1		评委		总分
2	评委1	评委2	评委3	
3	84	62	80	=E3+F3
4	69	88	65	
5	96	87	81	
6	81	71	95	
7	69	70	64	
8	74	74	63	
9	61	77	69	
10	62	84	72	

图5-8

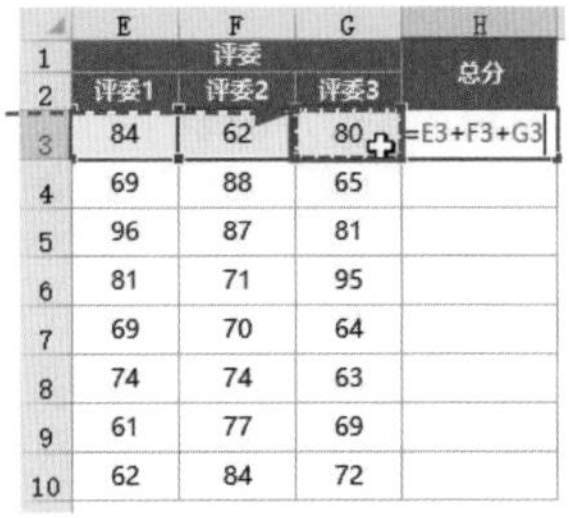

	E	F	G	H
1		评委		总分
2	评委1	评委2	评委3	
3	84	62	80	=E3+F3+G3
4	69	88	65	
5	96	87	81	
6	81	71	95	
7	69	70	64	
8	74	74	63	
9	61	77	69	
10	62	84	72	

图5-9

5.1.4 编辑公式

当需要对输入的公式进行编辑或修改时,可以使用双击修改法、【F2】功能键法和编辑栏修改法。

(1)双击修改法

选择H3单元格并双击,该单元格进入可编辑状态,用户对公式进行编辑修改即可。

(2)F2功能键法

选择H3单元格,按【F2】功能键,该单元格即可进入编辑状态,如图5-10所示。

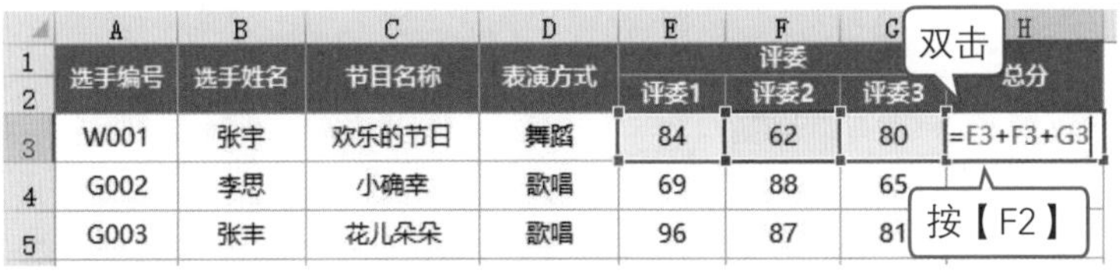

	A	B	C	D	E	F	G	H
1	选手编号	选手姓名	节目名称	表演方式		评委		总分
2					评委1	评委2	评委3	
3	W001	张宇	欢乐的节日	舞蹈	84	62	80	=E3+F3+G3
4	G002	李思	小确幸	歌唱	69	88	65	
5	G003	张丰	花儿朵朵	歌唱	96	87	81	

双击 按【F2】

图5-10

(3)编辑栏修改法

选择H3单元格,将光标插入"编辑栏"中,编辑修改公式即可,如图5-11所示。

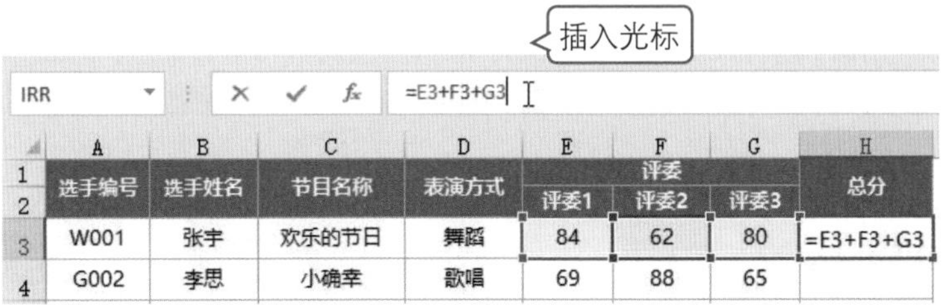

插入光标

IRR	▼	✕ ✓ *fx*	=E3+F3+G3

	A	B	C	D	E	F	G	H
1	选手编号	选手姓名	节目名称	表演方式		评委		总分
2					评委1	评委2	评委3	
3	W001	张宇	欢乐的节日	舞蹈	84	62	80	=E3+F3+G3
4	G002	李思	小确幸	歌唱	69	88	65	

图5-11

5.1.5 复制和填充公式

当表格中多个单元格所需公式的计算规则相同时,用户可以使用复制和填充功能进行计算。

▶扫一扫 看视频◀

（1）复制公式

选择H3单元格，按【Ctrl+C】组合键进行复制，如图5-12所示。然后选择H4:H10单元格区域，按【Ctrl+V】组合键粘贴公式，公式被粘贴到目标单元格中，自动修改其中的单元格引用并完成计算，如图5-13所示。

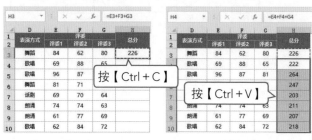

图5-12   图5-13

经验之谈

用户选择H3单元格，单击鼠标右键，从弹出的快捷菜单中选择"复制"命令，如图5-14所示。然后选择H4:H10单元格区域，单击鼠标右键，从弹出的快捷菜单中选择"粘贴选项"下的"公式"命令，如图5-15所示，也可以复制公式。

图5-14

图5-15

（2）填充公式

① 拖拽填充柄。选择H3单元格，将鼠标光标移至该单元格右下角，如图5-16所示。然后按住鼠标左键不放，向下拖动鼠标，如图5-17所示，填充公式，如图5-18所示。

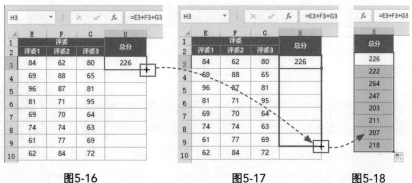

图5-16   图5-17   图5-18

② 双击填充柄。选择H3单元格，将鼠标光标移至该单元格右下角，然后双击鼠标，如图5-19所示，即可填充公式，如图5-20所示。

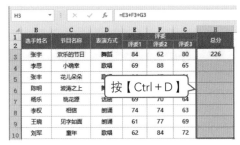

图5-19 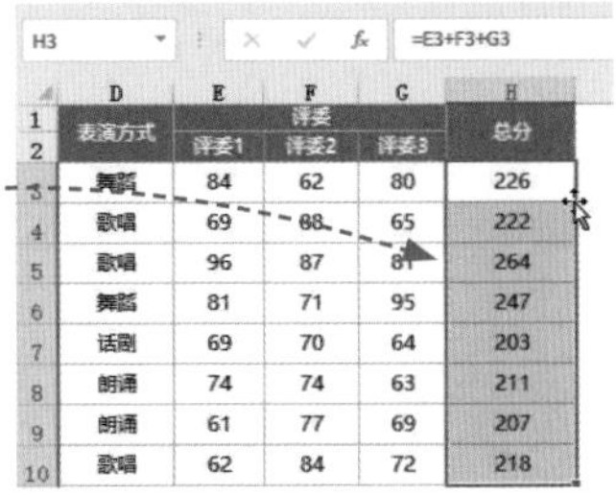   图5-20

③ 快捷键填充。选择H3:H10单元格区域，按【Ctrl+D】组合键，如图5-21所示，即可快速填充公式。或在"开始"选项卡中单击"编辑"选项组的"填充"下拉按钮，从列表中选择"向下"选项。

图5-21

5.2 统计销售业绩

通常公司需要统计员工的销售业绩，以便计算员工的提成金额，如图5-22所示。下面通过统计销售业绩来介绍如何在公式中使用相对引用、在公式中使用绝对引用、在公式中使用混合引用、显示表格中的公式、审核公式等。

序号	销售日期	销售员	销售物品名称	单位	单价	数量	总金额	提成金额
1	2021/1/2	赵佳	苹果	箱	¥68	210	¥14,280	¥428.40
2	2021/1/3	刘元	橘子	箱	¥58	190	¥11,020	¥331
3	2021/1/3	陈锋	雪梨	箱	¥70	200	¥14,000	¥420
4	2021/1/4	孙杨	芒果	箱	¥98	120	¥11,760	¥353
5	2021/1/4	李艳	百香果	箱	¥108	110	¥11,880	¥356
6	2021/1/4	王珂	香蕉	箱	¥68	160	¥10,880	¥326
7	2021/1/5	徐梅	山竹	箱	¥120	180	¥21,600	¥648
8	2021/1/5	王晓	樱桃	箱	¥96	200	¥19,200	¥576
9	2021/1/5	曹兴	草莓	箱	¥88	170	¥14,960	¥449

图5-22

5.2.1 在公式中使用相对引用

在公式中引用单元格参与计算时，如果公式的位置发生变动，那么所引用的单元格也将随之变动。

例如，选择I2单元格，输入公式"=G2*H2"，按【Enter】键确认，计算出"总金额"，如图5-23所示。然后将I2单元格中的公式向下复制到I10单元格，公式自动变成"=G10*H10"，如图5-24所示，可见单元格的引用发生更改。像"G10""H10"这种类型的单元格引用就是相对引用。

图5-23　　　　　　　　　　　　　　　图5-24

5.2.2　在公式中使用绝对引用

使用绝对引用，无论将公式复制到哪里，引用的单元格都不会发生改变。

例如，选择J2单元格，输入公式"=I2*$L$2"，按【Enter】键确认，计算出"提成金额"，如图5-25所示。然后将J2单元格中的公式向下复制到J10单元格，公式变成"=I10*$L$2"，如图5-26所示。像"$L$2"这种形式的单元格引用就是绝对引用。

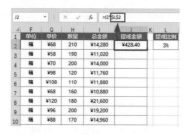 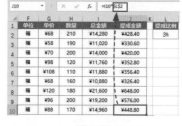

图5-25　　　　　　　　　　　　　　　图5-26

经验之谈

单元格地址的行号和列标前都加上了"$"，如"$L$1""$B$5"，则表示该单元格地址使用绝对引用。

5.2.3　在公式中使用混合引用

混合引用就是既包含相对引用又包含绝对引用的单元格引用样式。混合引用具有绝对列和相对行或绝对行和相对列两种。如果只在行号或列标前面加上"$"，如"$A1""A$1"，则加上"$"的行号或列标使用绝对引用，没有加"$"的行号或列标使用相对引用。

例如，选择D2单元格，输入公式"=$C2*(1-B$12)"，如图5-27所示。按【Enter】键确认，计算出2%折扣时的单价，然后将公式向下填充至D10单元格，公式变为"=$C10*(1-B$12)"，如图5-28所示。

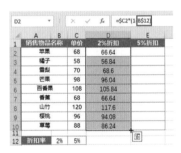

图5-27 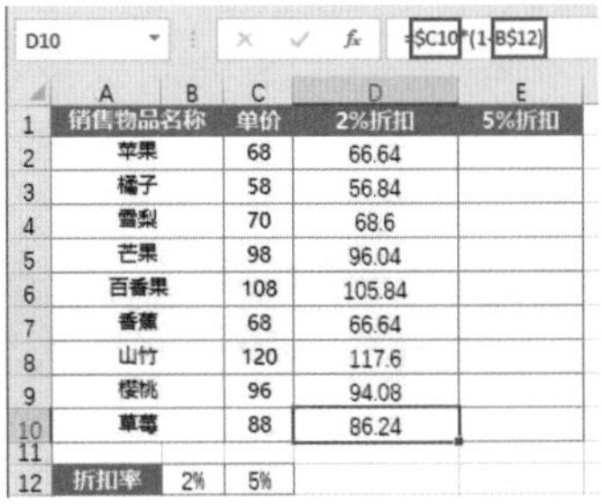   图5-28

选择D2:D10单元格，将光标移至区域右下角，如图5-29所示。按住鼠标左键不放，向右拖动鼠标，复制公式，计算5%折扣时的单价。可以看到公式变为"=$C2*(1-C$12)"，如图5-30所示。

图5-29 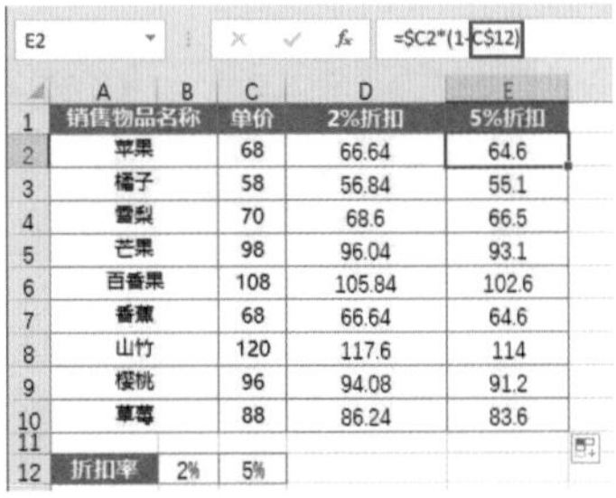   图5-30

像"$C2"这种形式的单元格引用是绝对引用列，相对引用行。"C$12"这种形式的单元格引用是相对引用列，绝对引用行。

经验之谈

当列标前面加$符号时，无论复制到什么地方，列的引用保持不变，行的引用自动调整；当行号前面加$符号，无论复制到什么地方，行的引用位置不变，列的引用自动调整。

5.2.4 显示表格中的公式

带有公式的单元格通常显示的是计算结果，如果用户需要快速查看单元格中公式的使用情况，则可以将公式本身显示出来。

打开"公式"选项卡，单击"公式审核"选项组的"显示公式"按钮，即可将单元格中的公式全部显示出来，如图5-31所示。

在"公式"选项卡中再次单击"显示公式"按钮，取消其选中状态，即可恢复显示计算结果。

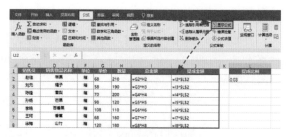

图5-31

5.2.5　公式审核功能的应用

公式审核是Excel"公式"选项卡中的一组命令，包括追踪引用单元格、追踪从属单元格、错误检查、公式求值等。

（1）追踪单元格

① 追踪引用单元格。用于指示哪些单元格会影响当前所选单元格的值。选择I2单元格，在"公式"选项卡中单击"追踪引用单元格"按钮，即可出现蓝色箭头，指明当前所选单元格引用了哪些单元格，如图5-32所示。

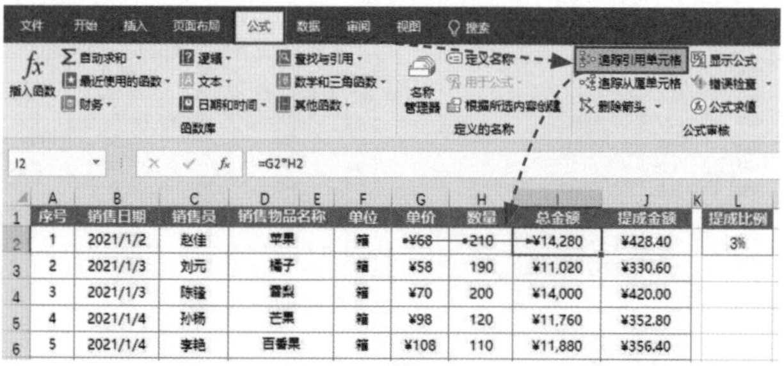

图5-32

② 追踪从属单元格。用于指示哪些单元格受当前所选单元格的值影响。选择L2单元格，在"公式"选项卡中单击"追踪从属单元格"按钮，蓝色箭头指向受当前所选单元格影响的单元格，如图5-33所示。

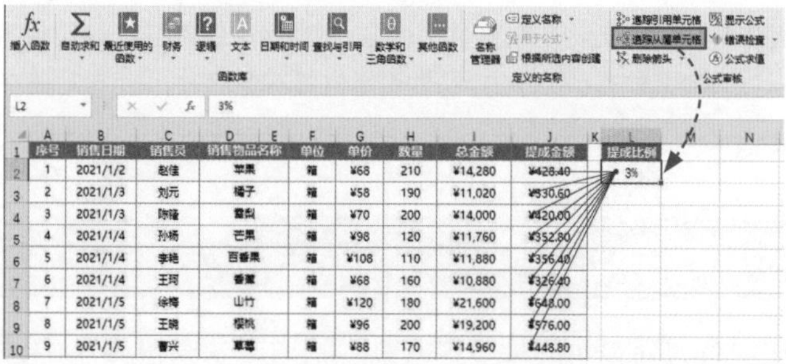

图5-33

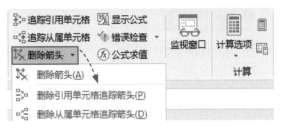

图5-34

经验之谈

如果用户想要删除追踪单元格的蓝色箭头，则可以在"公式"选项卡中，单击"删除箭头"下拉按钮，从列表中根据需要进行选择即可，如图5-34所示。

（2）错误检查

当表格中出现错误值时，用户可以通过"错误检查"功能检查出错公式。打开"公式"选项卡，单击"错误检查"按钮，如图5-35所示。打开"错误检查"对话框，在该对话框中显示出错的单元格以及出错原因，在对话框的右侧可以进行"关于此错误的帮助""显示计算步骤""忽略错误""在编辑栏中编辑"操作，这里单击"在编辑栏中编辑"按钮，如图5-36所示。

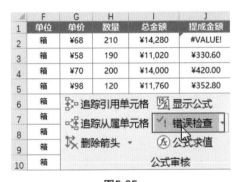

图5-35

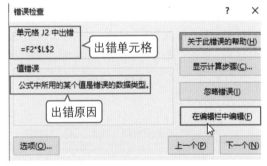

图5-36

光标自动插入"编辑栏"中，修改公式后，单击"继续"按钮，继续检查其他错误公式，检查并修改完成后会弹出一个提示对话框，提示已完成对整个工作表的错误检查，单击"确定"按钮即可，如图5-37所示。

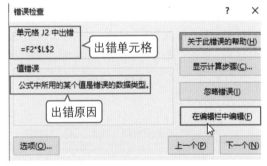

图5-37

> 经验之谈
>
> 　　选择错误值所在单元格，其左侧会出现感叹号形状的"错误指示器"。将光标移至其上方，会显示出错原因，如图5-38所示。单击下拉按钮，从弹出的列表中可以进行相关操作，如图5-39所示。

图5-38

图5-39

（3）显示公式求值

　　如果用户需要一步步查看公式求值的步骤，则可以使用"公式求值"功能。选择包含公式的单元格，在"公式"选项卡中单击"公式求值"按钮，如图5-40所示。打开"公式求值"对话框，单击"求值"按钮，将显示带下划线的表达式的结果，并且结果以斜体显示，如图5-41所示。

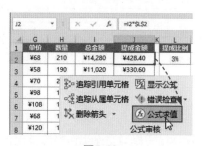

图5-40

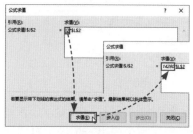

图5-41

　　继续单击"求值"按钮，如图5-42所示。可以按照公式的运算顺序，依次查看公式的分步计算结果，如图5-43所示。如果单击"重新启动"按钮，则会重新进行求值。

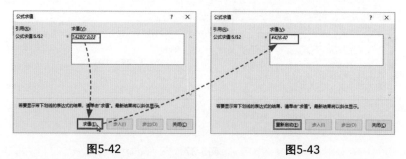

图5-42　　　　　　　　　　　　　　图5-43

5.3 统计考核成绩

公司一般会定期对员工进行考核,并将考核成绩录入表格中,如图5-44所示,用来分析员工各方面的能力。下面通过统计考核成绩来介绍函数的类型、函数的组成、函数的输入等。

员工编号	部门	姓名	考核项目								总分
			品德言行	工作绩效	专业知识	发展潜力	责任感	协调合作	出勤状况	主动积极	
C001	行政部	郑妍希	15	11	11	11	8	11	11	9	87
C002	行政部	梁浚逸	12	14	14	10	12	12	12	12	98
C003	行政部	潘泓宇	14	12	12	10	12	10	13	11	94
P001	研发部	林佩仪	10	12	11	12	11	12	15	12	96
P002	研发部	蔡睿轩	12	13	12	11	10	10	10	12	91
P003	研发部	林冗匀	10	10	7	11	7	9	10	12	76
R001	财务部	林佳臻	9	13	12	12	12	10	12	10	90
R002	财务部	施力尹	13	12	10	10	10	10	10	8	83
S001	业务部	陈宥呈	10	10	15	12	7	12	10	10	86
S002	业务部	谢承霖	9	10	8	8	9	8	10	8	70
S003	业务部	卢威杰									80

图5-44

5.3.1　函数的类型

Excel提供了大量的函数,包括12种类型:财务、逻辑、文本、日期和时间、查找与引用、数学和三角函数、统计、工程、多维数据集、信息、兼容和Web。用户可以在"公式"选项卡中的"函数库"选项组中对函数的种类进行查看,如图5-45所示。

了解这些函数的类型后,就可以在计算数据时快速联想到Excel函数库内有没有相关类型的函数。

图5-45

5.3.2　函数的组成

无论是什么函数,都由函数名称和函数参数组成。无论函数有几个参数,都应写在函数名称后面的括号中,当有多个参数时,各个参数间用英文逗号(,)隔开。函数不能单独使用,需要在公式中才能发挥真正的作用。

例如，在L3单元格中输入公式“=SUM(D3:K3)”，如图5-46所示，计算考核“总分”。

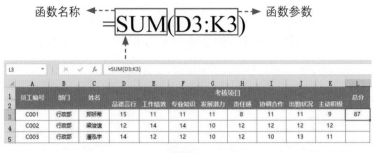

图5-46

5.3.3 函数的输入

用户可以通过多种方法输入函数，计算各类复杂的数据。例如，自动插入函数公式、通过向导输入函数、手动输入函数等。

（1）自动插入函数公式

对于求和、平均值、最大值、最小值等常见计算，用户可以使用“自动求和”命令。

选择L3单元格，在“公式”选项卡中单击“自动求和”下拉按钮，从列表中选择“求和”选项，如图5-47所示，即可自动在L3单元格中输入公式“=SUM(D3:K3)”，如图5-48所示。

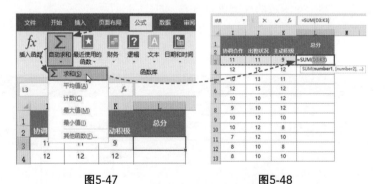

图5-47

图5-48

经验之谈

用户选择L3:L13单元格区域，如图5-49所示。按【Alt+=】组合键，可以快速计算出各个员工的总分成绩，如图5-50所示。

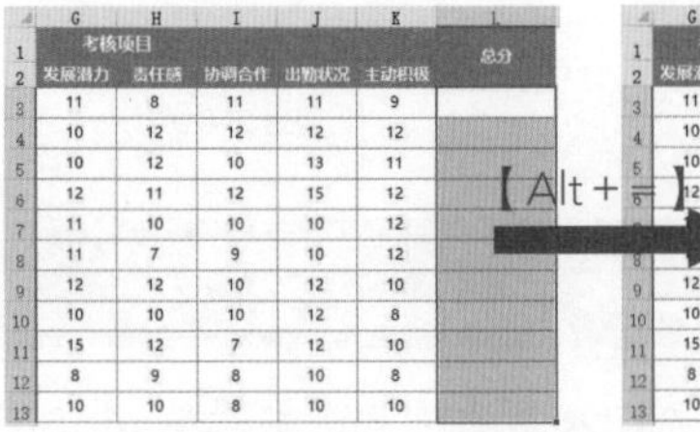

图5-49

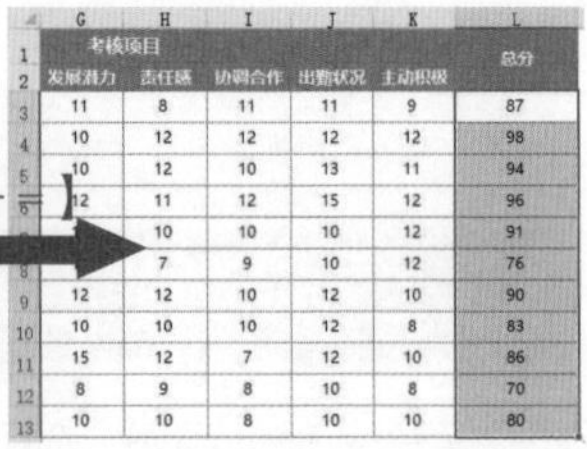

图5-50

（2）通过向导输入函数

如果用户对函数所属的类别不太熟悉，则可以使用"插入函数"向导选择或搜索所需函数。

选择L3单元格，在"公式"选项卡中单击"插入函数"按钮，或单击"编辑栏"左侧的"插入函数"按钮，如图5-51所示。打开"插入函数"对话框，在"或选择类别"列表中选择需要的函数类型，这里选择"数学与三角函数"，然后在"选择函数"列表框中选择一种函数，单击"确定"按钮，如图5-52所示。

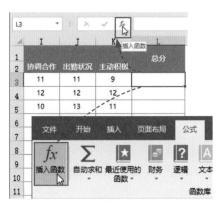

图5-51

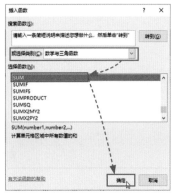

图5-52

弹出"函数参数"对话框，从中设置各参数，单击"确定"按钮，即可在L3单元格中输入公式"＝SUM(D3:K3)"，如图5-53所示。

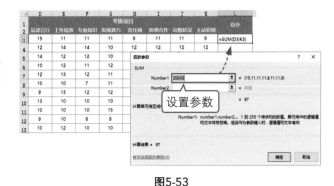

图5-53

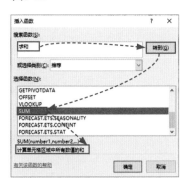

经验之谈

用户在"插入函数"对话框中的"搜索函数"文本框中输入"求和"，单击"转到"按钮，在"选择函数"列表框中显示相关函数，选择SUM函数，在下方会显示该函数的使用信息，如图5-54所示。用户可以根据这些信息决定是否使用这个函数。

图5-54

（3）手动输入函数

如果用户事先熟悉函数的具体用法，或知道函数的全部或开头部分字母的正确拼写，则可以直接在单元格中手动输入函数。

选择L3单元格，在其中输入"=SU"后，Excel将自动在函数列表中显示所有以"SU"开头的函数，在列表中双击选择"SUM"函数，即可将该函数输入单元格中，接着输入相关参数即可，如图5-55所示。

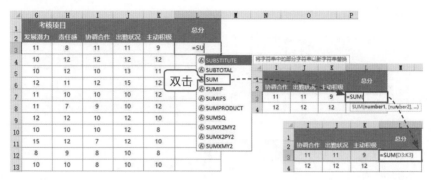

图5-55

我在单元格中输入函数的开头部分字母时，并没有出现函数列表，这是为什么呢？

可能没有启用"公式记忆式键入"功能。

单击"文件"按钮，选择"选项"选项，打开"Excel选项"对话框，选择"公式"选项，在"使用公式"选项中勾选"公式记忆式键入"复选框，单击"确定"按钮即可，如图5-56所示。

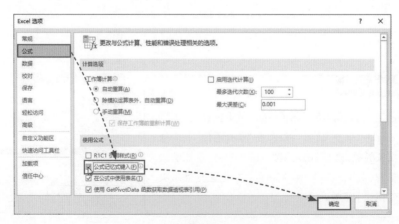

图5-56

5.4 制作考勤统计表

考勤表用来统计员工的出勤情况，并作为发放工资的参考，如图5-57所示。下面通过制作考勤统计表，来介绍TEXT函数和COUNTIF函数的使用方法。

考勤统计表

单位名称：德胜科技 部门：研发部 考勤日期：2020 年 11 月

出勤	事假	病假	旷工
√	△	□	○

序号	姓名	日	一	二	三	四	五	六	日	一	二	三	四	五	六	日	一	二	三	四	五	六	日	一	二	三	四	五	六	日	一	合计			
		1	2	3	4	5	6	7	8	9	10	11	12	13	14	15	16	17	18	19	20	21	22	23	24	25	26	27	28	29	30	出勤	事假	病假	旷工
1	刘全	√	√	√	√	√	√	√	√	√	√	√	√	√	√	√	○	√	√	√	√	√	√	√	√	√	√	√	√	√	√	29	0	0	1
2	王晓	√	√	√	√	√	√	√	√	√	√	√	√	√	√	√	√	√	√	√	√	√	√	○	√	√	□	√	√	√	√	28	0	1	1
3	赵宇	√	√	√	△	√	√	√	√	√	√	√	√	√	√	√	√	√	√	√	√	√	√	√	√	√	√	√	√	√	√	29	1	0	0
4	张倩	√	√	√	√	√	√	√	√	√	√	√	√	√	√	√	√	√	√	√	√	√	√	√	√	√	□	√	√	√	√	29	0	1	0
5	李甜	√	√	√	√	√	√	√	√	√	○	√	√	√	√	√	√	√	√	√	√	√	√	√	√	√	√	√	√	√	√	29	0	0	1
6	王婷	√	√	√	√	△	√	√	√	√	√	√	√	√	√	√	□	√	√	√	√	√	√	√	√	√	√	√	√	√	√	28	1	1	0
7	孙庸	√	√	√	√	√	√	√	√	√	√	△	√	√	√	√	√	√	√	√	√	√	√	√	□	√	√	√	√	√	√	28	1	1	0
8	周丽	√	√	√	√	√	○	√	√	√	√	√	√	√	√	√	√	√	√	√	√	√	√	√	√	√	√	√	√	√	√	29	0	0	1
9	刘元	√	√	△	√	√	√	√	√	□	√	√	√	√	√	√	√	√	√	√	√	√	√	√	√	√	√	√	√	√	√	28	1	1	0
10	孙杨	√	√	√	√	√	√	√	√	√	○	√	√	√	√	√	√	√	√	△	√	√	√	√	√	√	√	√	√	√	√	28	1	0	1

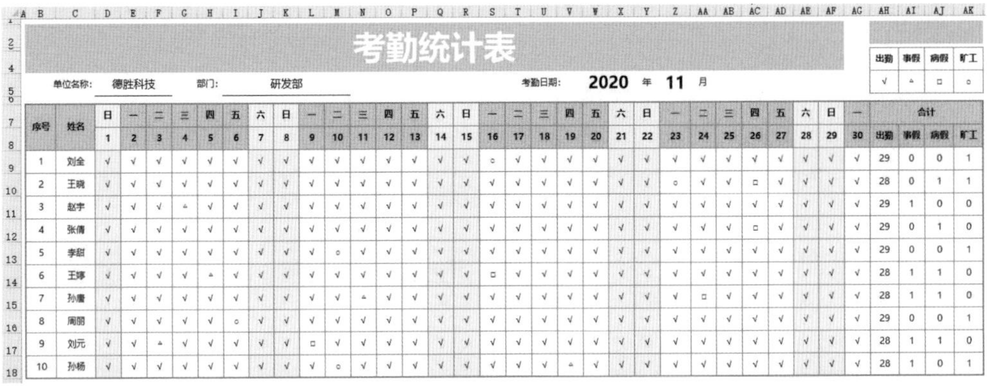

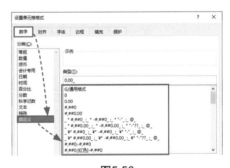

图5-57

5.4.1 使用 TEXT 函数计算星期

TEXT函数用于将数值转换为指定格式的文本。

语法： =TEXT（值，数值格式）。

说明：

- **值：** 数值、能够返回数值的公式，或者对数值单元格的引用。
- **数值格式：** 文字形式的数字格式，文字形式来自“设置单元格格式”对话框“数字”选项卡的“分类”列表框，如图5-58所示。

图5-58

例如，使用TEXT函数计算考勤统计表中的星期。选择D7单元格，输入公式“=TEXT(D8,"AAA")”，按【Enter】键确认，计算出2020年11月1日对应为星期日，如图5-59所示。然后将公式向右填充即可，如图5-60所示。

图5-59

图5-60

> **经验之谈**
>
> 上述公式中，数值格式"AAA"用来显示中文星期几简称。

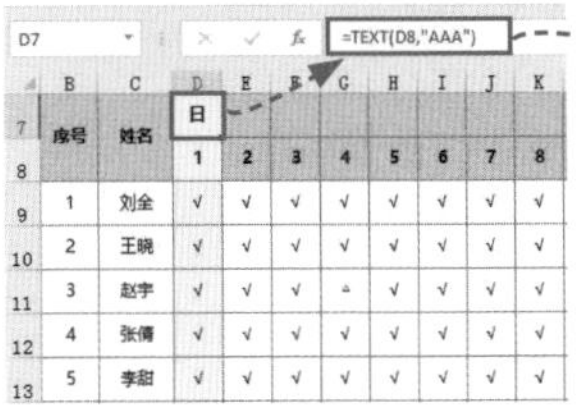

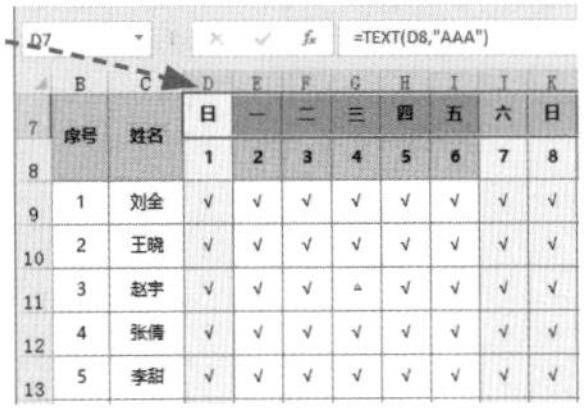

5.4.2　使用 COUNTIF 函数统计出勤情况

COUNTIF函数用于求满足给定条件的数据个数。

语法: =COUNTIF（区域,条件）

说明:

● **区域:** 要计算其中非空单元格数目的区域。

● **条件:** 以数字、表达式或文本形式定义的条件。

例如, 使用COUNTIF函数统计出勤情况。选择AH9单元格, 输入公式 "=COUNTIF($D9:$AG9,$AH$5)", 如图5-61所示。按【Enter】键确认, 统计出 "出勤" 数据, 并将公式向下填充, 如图5-62所示。

图5-61　　　　　　　图5-62

在AI9单元格中输入公式 "=COUNTIF($D9:$AG9,$AI$5)", 在AJ9单元格中输入公式 "=COUNTIF($D9:$AG9,$AJ$5)", 在AK9单元格中输入公式 "=COUNTIF($D9:$AG9,$AK$5)", 计算 "事假" "病假" "旷工" 数据, 如图5-63所示。

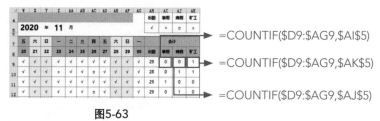

图5-63

5.5　制作员工薪资表

员工薪资表用来统计员工的工资情况,并根据该表格发放员工的工资,如图5-64所示。下面通过制作员工薪资表来介绍DATEDIF函数、IF函数和VLOOKUP函数的使用方法。

工号	姓名	部门	职务	入职时间	基本工资	工龄	工龄工资	岗位津贴	应付工资	社保扣款	应扣所得税	实发工资	员工签字
SM001	金鑫	销售部	经理	2003/8/1	¥9,000	17	¥1,000	¥200	¥10,200	¥2,346	¥310.0	¥7,544.0	
SM002	刘佳	采购部	员工	2014/10/12	¥5,000	6	¥600	¥200	¥5,800	¥1,334	¥24.0	¥4,442.0	
SM003	王晓	生产部	员工	2015/3/9	¥5,000	5	¥500	¥300	¥5,800	¥1,334	¥24.0	¥4,442.0	
SM004	赵琬	行政部	员工	2016/9/1	¥5,500	4	¥400	¥200	¥6,100	¥1,403	¥33.0	¥4,664.0	
SM005	孙杨	人事部	经理	2005/11/10	¥7,000	15	¥1,000	¥300	¥8,300	¥1,909	¥120.0	¥6,271.0	
SM006	李艳	销售部	员工	2012/10/1	¥5,500	8	¥800	¥200	¥6,500	¥1,495	¥45.0	¥4,960.0	
SM007	刘军	行政部	员工	2017/4/6	¥5,500	3	¥300	¥200	¥6,000	¥1,380	¥30.0	¥4,590.0	
SM008	张磊	采购部	经理	2006/6/2	¥5,000	14	¥1,000	¥300	¥7,200	¥1,656	¥66.0	¥5,478.0	
SM009	韩东	生产部	经理	2011/9/8	¥7,000	9	¥900	¥300	¥8,200	¥1,886	¥110.0	¥6,204.0	
SM010	徐雪	生产部	员工	2017/2/1	¥5,000	4	¥400	¥300	¥5,700	¥1,311	¥21.0	¥4,368.0	
SM011	周丽	人事部	员工	2011/9/1	¥5,000	9	¥900	¥300	¥6,200	¥1,426	¥36.0	¥4,738.0	
SM012	李辉	采购部	员工	2019/6/8	¥5,000	1	¥100	¥200	¥5,300	¥1,219	¥9.0	¥4,072.0	
SM013	吴乐	人事部	员工	2013/1/1	¥5,500	7	¥700	¥200	¥6,100	¥1,403	¥33.0	¥4,664.0	
SM014	李勇	销售部	员工	2015/9/10	¥5,500	5	¥500	¥200	¥6,200	¥1,426	¥36.0	¥4,738.0	

图5-64

5.5.1 使用 DATEDIF 函数计算工龄

DATEDIF函数用于用指定的单位计算起始日和结束日之间的天数。

语法: =DATEDIF(开始日期,终止日期,比较单位)

说明:

- **开始日期:** 一串代表起始日期的日期。
- **终止日期:** 一串代表终止日期的日期。
- **比较单位:** 所需信息的返回类型,如表5-6所示。

表5-6

比较单位	函数返回值
"Y"	返回两个日期值间隔的整年数
"M"	返回两个日期值间隔的整月数
"D"	返回两个日期值间隔的天数
"MD"	返回两个日期值间隔的天数(忽略日期中的年和月)
"YM"	返回两个日期值间隔的月数(忽略日期中的年和日)
"YD"	返回两个日期值间隔的天数(忽略日期中的年)

例如,使用DATEDIF函数计算工龄。选择G2单元格,输入公式"=DATEDIF(E2,TODAY(),"Y")",如图5-65所示。按【Enter】键确认,计算出"工龄",并将公式向下填充,如图5-66所示。

图5-65

图5-66

经验之谈

上述公式"=DATEDIF(E2,TODAY(),"Y")"中,E2为员工的入职时间,TODAY()代表当前的日期,"Y"代表时间段中的整年数。

5.5.2 使用 IF 函数计算工龄工资

IF函数用于执行真假值判断，根据逻辑测试值返回不同的结果。

语法: =IF(测试条件, 真值, [假值])

说明:

- **测试条件:** 计算结果可判断为TRUE或FALSE的数值或表达式。
- **真值:** 当测试条件为TRUE时的返回值。
- **假值:** 当测试条件为FALSE时的返回值。如果忽略，则返回FALSE。

例如，使用IF函数计算工龄工资。假设工龄每满一年增加100元，工龄工资封顶为1000元。选择H2单元格，输入公式"=IF(G2<=10,G2*100,1000)"，如图5-67所示。按【Enter】键确认，计算出"工龄工资"，并将公式向下填充，如图5-68所示。

	F	G	H
1	基本工资	工龄	工龄工资
2	¥9,000	17	=IF(G2<=10,G2*100,1000)
3	¥5,000	6	
4	¥5,000	5	
5	¥5,500	4	
6	¥7,000	15	
7	¥5,500	8	
8	¥5,500	3	
9	¥6,000	14	

图5-67

H2 ✕ ✓ fx =IF(G2<=10,G2*100,1000)

	F	G	H	I	J
1	基本工资	工龄	工龄工资	岗位津贴	应付工资
2	¥9,000	17	¥1,000		¥10,000
3	¥5,000	6	¥600		¥5,600
4	¥5,000	5	¥500		¥5,500
5	¥5,500	4	¥400		¥5,900
6	¥7,000	15	¥1,000		¥8,000
7	¥5,500	8	¥800		¥6,300
8	¥5,500	3	¥300		¥5,800
9	¥6,000	14	¥1,000		¥7,000
10	¥7,000	9	¥900		¥7,900

图5-68

经验之谈

上述公式"=IF(G2<=10,G2*100,1000)"，使用IF函数判断工龄是否小于或等于10，如果成立，则用工龄乘以100；如果不成立，则返回1000元。

IF函数通常和哪些函数嵌套使用呢?

一般和AND、OR函数嵌套使用。

（1）IF函数和AND函数嵌套使用

假设考生的"综合素质"分数大于或等于70，并且"教育教学知识与能力"分数大于或等于70，为合格；否则为不合格。选择D2单元格，输入公式"=IF(AND(B2>=70,C2>=70),

"合格", "不合格")”，如图5-69所示。按【Enter】键确认，判断是否合格，并将公式向下填充，如图5-70所示。

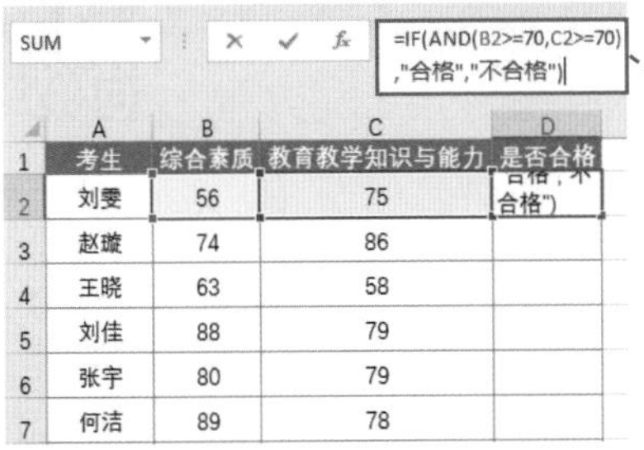

=IF(AND(B2>=70,C2>=70),"合格","不合格")

	A	B	C	D
1	考生	综合素质	教育教学知识与能力	是否合格
2	刘雯	56	75	合格","不合格")
3	赵璇	74	86	
4	王晓	63	58	
5	刘佳	88	79	
6	张宇	80	79	
7	何洁	89	78	

图5-69

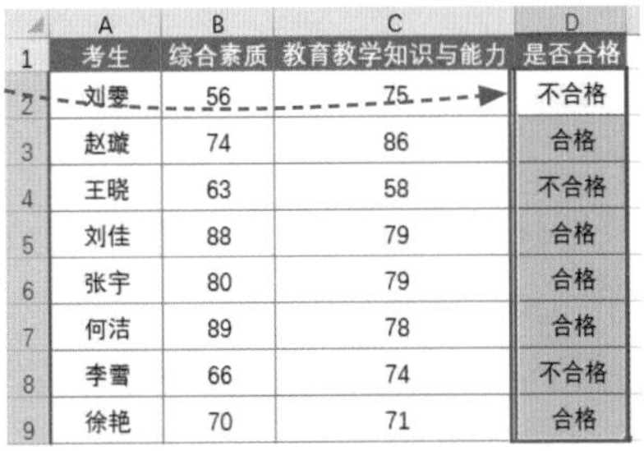

	A	B	C	D
1	考生	综合素质	教育教学知识与能力	是否合格
2	刘雯	56	75	不合格
3	赵璇	74	86	合格
4	王晓	63	58	不合格
5	刘佳	88	79	合格
6	张宇	80	79	合格
7	何洁	89	78	合格
8	李雪	66	74	不合格
9	徐艳	70	71	合格

图5-70

经验之谈

上述公式首先利用AND函数判断是否同时满足“综合素质”大于或等于70、“教育教学知识与能力”大于或等于70，然后使用IF函数判断条件成立时返回“合格”，不成立时返回“不合格”。

（2）IF函数和OR函数嵌套使用

假设上半年销量大于1000或下半年销量大于1000为完成任务，否则为没有完成任务。选择D2单元格，输入公式“=IF(OR(B2>1000,C2>1000), "是", “否")”，如图5-71所示。按【Enter】键确认，判断是否完成任务，并将公式向下填充，如图5-72所示。

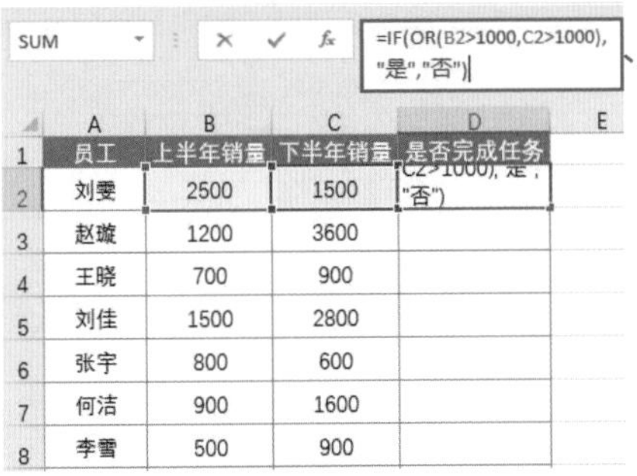

=IF(OR(B2>1000,C2>1000),"是","否")

	A	B	C	D
1	员工	上半年销量	下半年销量	是否完成任务
2	刘雯	2500	1500	C2>1000),"是","否")
3	赵璇	1200	3600	
4	王晓	700	900	
5	刘佳	1500	2800	
6	张宇	800	600	
7	何洁	900	1600	
8	李雪	500	900	

图5-71

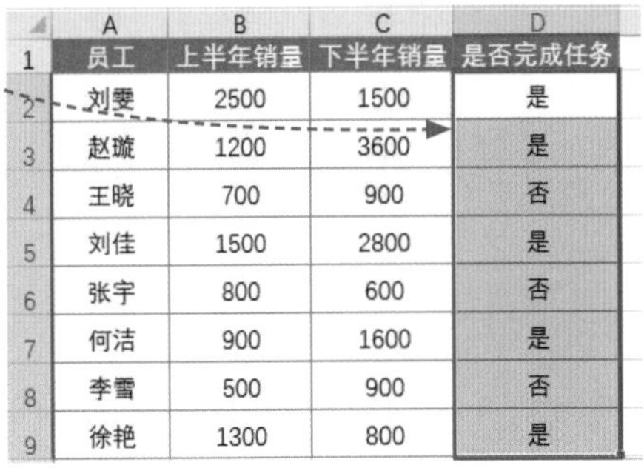

	A	B	C	D
1	员工	上半年销量	下半年销量	是否完成任务
2	刘雯	2500	1500	是
3	赵璇	1200	3600	是
4	王晓	700	900	否
5	刘佳	1500	2800	是
6	张宇	800	600	否
7	何洁	900	1600	是
8	李雪	500	900	否
9	徐艳	1300	800	是

图5-72

经验之谈

上述公式，首先使用OR函数判断是否满足其中一个条件，然后使用IF函数判断条件成立时返回“是”，不成立时返回“否”。

5.5.3 使用VLOOKUP函数计算岗位津贴

VLOOKUP函数用于查找指定的数值，并返回当前行中指定列处的数值。

▶扫一扫 看视频◀

语法: =VLOOKUP(查找值, 数据表, 列序数, [匹配条件])

说明:

● **查找值:** 需要在数组第一列中查找的数值，可以为数值、引用或文本字符串。

● **数据表:** 需要在其中查找数据的数据表，可以使用对区域或区域名称的引用。

● **列序数:** 待返回的匹配值的列序号。为1时，返回数据表第一列中的数值。

● **匹配条件:** 指定在查找时，是要求精确匹配还是大致匹配。如果为FALSE，为精确匹配；如果为TRUE或忽略，为大致匹配。

注意事项　VLOOKUP函数的第2个参数必须包含查找值和返回值，且第1列必须是查找值。

例如，使用VLOOKUP函数计算岗位津贴。首先在新的工作表中创建"津贴标准"，如图5-73所示。然后选择I2单元格，输入公式"=VLOOKUP(C2,津贴标准!$A$2:$B$7, 2,FALSE)"，如图5-74所示。

	A	B
1	**津贴标准**	
2	**部门**	**岗位津贴**
3	销售部	200
4	生产部	300
5	行政部	200
6	人事部	300
7	采购部	200

图5-73

SUM　　　fx =VLOOKUP(C2,津贴标准!$A$2:$B$7,2,FALSE)

	C	D	E	F	G	H	I
1	部门	职务	入职时间	基本工资	工龄	工龄工资	岗位津贴
2	销售部	经理	2003/8/1	¥9,000	17	¥1,000	$B$7,2, FALSE)
3	采购部	员工	2014/10/12	¥5,000	6	¥600	
4	生产部	员工	2015/3/9	¥5,000	5	¥500	
5	行政部	员工	2016/9/1	¥5,500	4	¥400	
6	人事部	经理	2005/11/10	¥7,000	15	¥1,000	
7	销售部	员工	2012/10/1	¥5,500	8	¥800	
8	行政部	员工	2017/4/6	¥5,500	3	¥300	

图5-74

按【Enter】键确认，即可计算出"岗位津贴"，然后将公式向下填充即可，如图5-75所示。

I2　　　fx =VLOOKUP(C2,津贴标准!$A$2:$B$7,2,FALSE)

	C	D	E	F	G	H	I
1	部门	职务	入职时间	基本工资	工龄	工龄工资	岗位津贴
2	销售部	经理	2003/8/1	¥9,000	17	¥1,000	¥200
3	采购部	员工	2014/10/12	¥5,000	6	¥600	¥200
4	生产部	员工	2015/3/9	¥5,000	5	¥500	¥300
5	行政部	员工	2016/9/1	¥5,500	4	¥400	¥200
6	人事部	经理	2005/11/10	¥7,000	15	¥1,000	¥300
7	销售部	员工	2012/10/1	¥5,500	8	¥800	¥200

图5-75

5.6 制作电商销售收入统计表

电商销售收入统计表用来统计商品的收入总额、销售总数以及排名等情况，如图5-76所示。下面通过制作电商销售收入统计表来介绍SUM函数、SUMIF函数、RANK函数的使用方法。

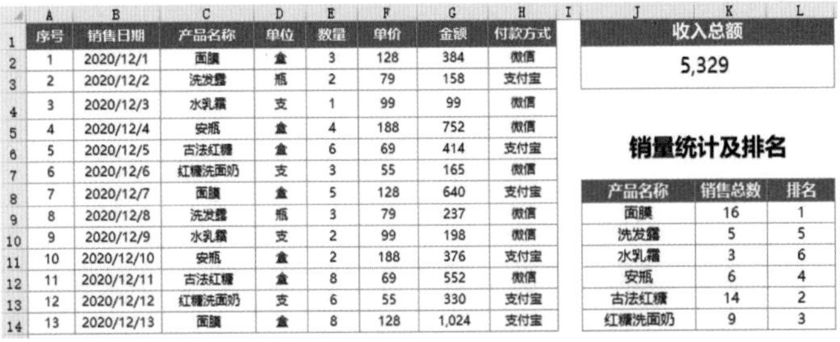

图5-76

SUM函数用于对单元格区域中所有数值求和。

语法: =SUM（数值1, …）

说明: 数值1, 数值2, …，为1~255个待求和的数值。单元格中的逻辑值和文本将被忽略。但当作为参数键入时，逻辑值和文本有效。

例如，使用SUM函数计算收入总额。选择J2单元格，输入公式"=SUM(G2:G14)"，如图5-77所示。

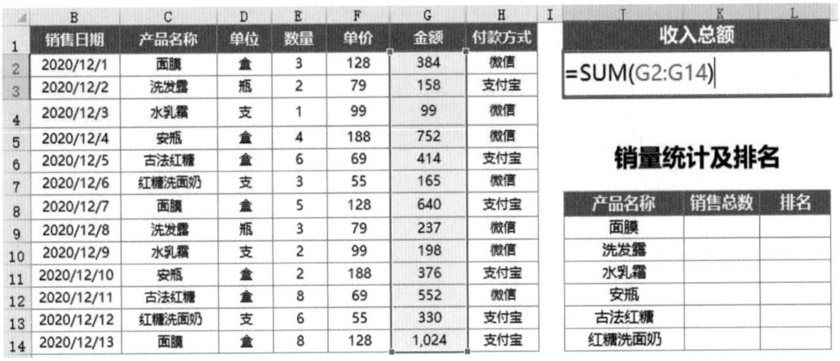

图5-77

按【Enter】键确认，即可计算出"收入总额"，如图5-78所示。

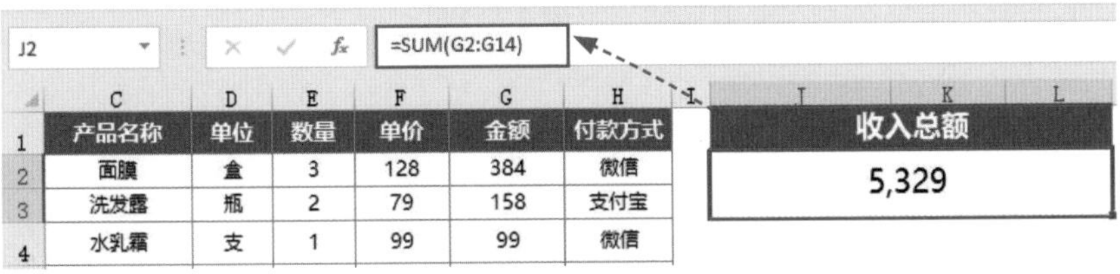

图5-78

5.6.2 使用 SUMIF 函数计算销售总数

▶扫一扫 看视频◀

SUMIF函数用于根据指定条件对若干单元格求和。

语法: =SUMIF(区域, 条件, [求和区域])

说明:

- **区域:** 用于条件判断的单元格区域。
- **条件:** 以数字、表达式或文本形式定义的条件。
- **求和区域:** 用于求和计算的实际单元格。如果省略，将使用区域中的单元格。

例如，使用SUMIF函数计算销售总数。选择K9单元格，输入公式“=SUMIF(C2:C14,J9,E2:E14)”，如图5-79所示。

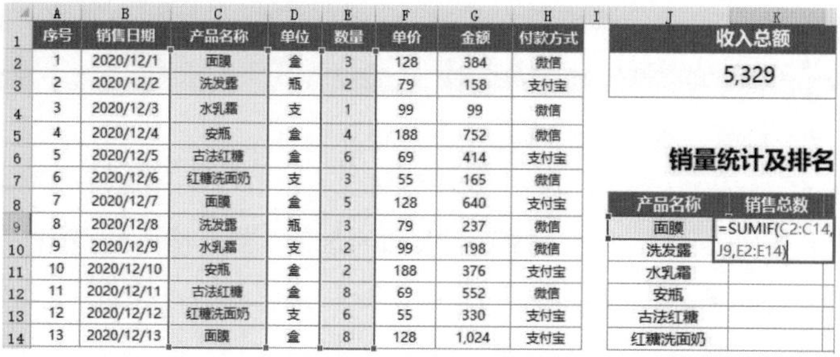

序号 销售日期 产品名称 单位 数量 单价 金额 付款方式
1 2020/12/1 面膜 盒 3 128 384 微信
2 2020/12/2 洗发露 瓶 2 79 158 支付宝
3 2020/12/3 水乳霜 支 1 99 99 微信
4 2020/12/4 安瓶 盒 4 188 752 微信
5 2020/12/5 古法红糖 盒 6 69 414 支付宝
6 2020/12/6 红糖洗面奶 支 3 55 165 微信
7 2020/12/7 面膜 盒 5 128 640 支付宝
8 2020/12/8 洗发露 瓶 3 79 237 微信
9 2020/12/9 水乳霜 支 2 99 198 微信
10 2020/12/10 安瓶 盒 2 188 376 支付宝
11 2020/12/11 古法红糖 盒 8 69 552 微信
12 2020/12/12 红糖洗面奶 支 6 55 330 支付宝
13 2020/12/13 面膜 盒 8 128 1,024 支付宝
收入总额
5,329
销量统计及排名
产品名称 销售总数
面膜 =SUMIF(C2:C14,J9,E2:E14)
洗发露
水乳霜
安瓶
古法红糖
红糖洗面奶

图5-79

按【Enter】键确认，计算出“销售总数”如图5-80所示，并将公式向下填充，如图5-81所示。

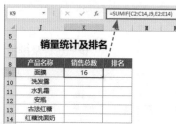

K9
=SUMIF(C2:C14,J9,E2:E14)
销量统计及排名
产品名称 销售总数 排名
面膜 16
洗发露
水乳霜
安瓶
古法红糖
红糖洗面奶

图5-80

K9
=SUMIF(C2:C14,J9,E2:E14)
销量统计及排名
产品名称 销售总数 排名
面膜 16
洗发露 5
水乳霜 3
安瓶 6
古法红糖 14
红糖洗面奶 9

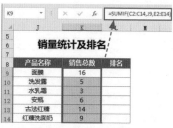

图5-81

5.6.3 使用 RANK 函数计算排名

RANK函数用于返回一个数值在一组数值中的排位。

语法: =RANK(数值, 引用, [排位方式])

说明:

- **数值:** 指定的数字。
- **引用:** 一组数或对一个数据列表的引用。非数字值将被忽略。
- **排位方式:** 指定排位的方式。如果为0或忽略，为降序；升序时指定为1。

例如，使用RANK函数计算排名。选择L9单元格，输入公式"=RANK(K9,$K$9:$K$14,0)"，如图5-82所示。按【Enter】键确认，并将公式向下填充，即可计算出"排名"，如图5-83所示。

图5-82

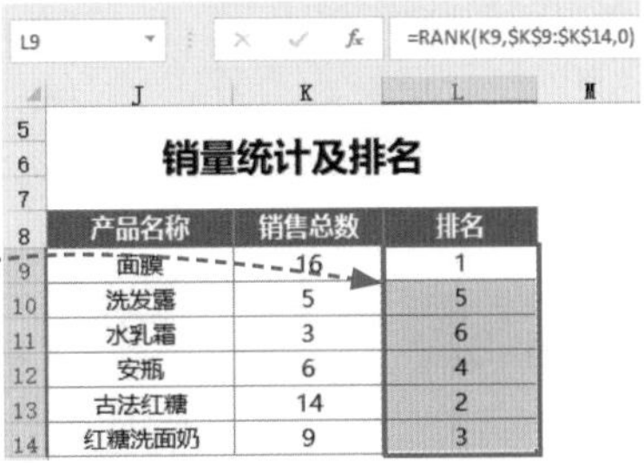

图5-83

5.7 从员工身份证号码中提取个人信息

通常公司需要统计员工的个人信息，以备不时之需，如图5-84所示。下面通过讲解从员工身份证号码中提取个人信息来介绍MOD函数、YEAR函数、MID函数、EDATE函数的使用方法。

工号	姓名	部门	身份证号码	性别	年龄	出生日期	退休时间	联系电话
SM001	苏超	销售部	120321199204301431	男	29	1992-04-30	2052/4/30	14153312029
SM002	李梅	采购部	130321199105281422	女	30	1991-05-28	2041/5/28	10754223089
SM003	孙杨	财务部	140321198901301473	男	32	1989-01-30	2049/1/30	13912016871
SM004	周丽	人事部	150321198802281424	女	33	1988-02-28	2038/2/28	18551568074
SM005	张星	采购部	160321199110301455	男	30	1991-10-30	2051/10/30	15251532011
SM006	赵亮	财务部	110321199211241496	男	29	1992-11-24	2052/11/24	13851542169
SM007	王晓	销售部	170321198708261467	女	34	1987-08-26	2037/8/26	11851547025
SM008	李明	销售部	190321198809131418	男	33	1988-09-13	2048/9/13	13251585048
SM009	吴晶	人事部	180321198911021469	女	32	1989-11-02	2039/11/2	19651541012
SM010	张宇	销售部	100321199207201491	男	29	1992-07-20	2052/7/20	15357927047

图5-84

5.7.1　使用 MID 函数提取出生日期

▶扫一扫　看视频◀

MID函数用于从任意位置提取指定数量的字符。

语法：=MID（字符串，开始位置，字符个数）

说明：

- **字符串：**准备从中提取字符串的文本字符串。
- **开始位置：**准备提取的第一个字符的位置。
- **字符个数：**指定所要提取的字符串长度。

例如，使用MID函数提取出生日期。选择G2单元格，输入公式"=TEXT(MID(D2,7,8),"0000-00-00")"，如图5-85所示。按【Enter】键确认，即可计算出"出生日期"，并将公式向下填充，如图5-86所示。

图5-85　　　　图5-86

> **经验之谈**
>
> 身份证号码的第7~14位数字是出生日期。上述公式使用MID函数从身份证号码中提取出代表生日的数字，然后用TEXT函数将提取出的数字以指定的文本格式返回。

5.7.2　使用 MOD 函数提取性别

▶扫一扫　看视频◀

MOD函数用于求两数相除的余数。

语法：=MOD（数值，除数）

说明：

● **数值：**被除数。

● **除数：**除数。

例如，使用MOD函数提取性别。选择E2单元格，输入公式"=IF(MOD(MID(D2,17,1),2),"男","女")"，如图5-87所示。按【Enter】键确认，计算出"性别"，并将公式向下填充，如图5-88所示。

图5-87　　　　图5-88

> **经验之谈**
>
> 上述公式，首先用MID函数提取第17位的数字，然后用MOD函数求余数。最后用IF函数判断余数的结果，如果为奇数，返回"男"；如果为偶数，返回"女"。

5.7.3　使用 YEAR 函数提取年龄

YEAR函数用于返回某个日期对应的年份。

语法：=YEAR（日期序号）

说明：日期序号为一个日期值，其中包含要查找的年份。日期有多种输入方式：带引号的文本串（例如"2021/3/28"），系列数（例如，如果使用1900日期系统，则35825表示1998年1月30日）或其他公式或函数的结果。

例如，使用YEAR函数提取年龄。选择F2单元格，输入公式"=YEAR(TODAY())-MID(D2,7,4)"，如图5-89所示。按【Enter】键确认，即可计算出"年龄"，并将公式向下填充，如图5-90所示。

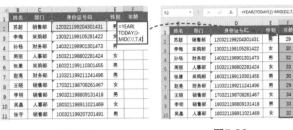

图5-89　　　　　　　图5-90

5.7.4 使用 EDATE 函数提取退休时间

EDATE函数用于计算指定月数之前或之后的日期。

语法：=EDATE（开始日期，月数）

说明：

● **开始日期：**一串代表起始日期的日期。

● **月数：**开始日期之前或之后的月数。

例如，使用EDATE函数提取退休时间。假设男工作60年退休，女工作50年退休。选择H2单元格，输入公式"=EDATE(G2,MOD(MID(D2,17,1),2)*120+600)"，如图5-91所示。按【Enter】键确认，即可计算出"退休时间"，并将公式向下填充，如图5-92所示。

身份证号码	性别	年龄	出生日期	退休时间
120321199204301431	男	29	1992-04-30	=EDATE(G2,MOD(MID(D2,17,1),2)*120+600)
130321199105281422	女	30	1991-05-28	
140321198901301473	男	32	1989-01-30	
150321198802281424	女	33	1988-02-28	
160321199110301455	男	30	1991-10-30	
110321199211241496	男	29	1992-11-24	
170321198708261467	女	34	1987-08-26	
190321198809131418	男	33	1988-09-13	
180321198911021469	女	32	1989-11-02	
100321199207201491	男	29	1992-07-20	

图5-91

H2 =EDATE(G2,MOD(MID(D2,17,1),2)*120+600)

身份证号码	性别	年龄	出生日期	退休时间
120321199204301431	男	29	1992-04-30	2052/4/30
130321199105281422	女	30	1991-05-28	2041/5/28
140321198901301473	男	32	1989-01-30	2049/1/30
150321198802281424	女	33	1988-02-28	2038/2/28
160321199110301455	男	30	1991-10-30	2051/10/30
110321199211241496	男	29	1992-11-24	2052/11/24
170321198708261467	女	34	1987-08-26	2037/8/26
190321198809131418	男	33	1988-09-13	2048/9/13
180321198911021469	女	32	1989-11-02	2039/11/2

图5-92

▶扫一扫 看视频◀

拓展练习：查询库存商品信息

用户制作好库存表后，要想快速查看某个商品的库存信息，可以创建一个库存查询表进行查询，如图5-93所示。

	A	B	C	D	E	F	G
1	商品代码	商品名称	单位	期初库存	进货量	出库量	结余库存
2	100101	订书机	个	20	90	60	50
3	100102	剪刀	把	50	80	125	
4	100103	大号记号笔	个	40	60	80	
5	100104	黑笔	支	22	100	90	
6	100105	铅笔	支	10	110	117	
7	100106	红笔	支	15	105	90	
8	100107	回形针	盒	30	90	100	
9	100108	橡皮	个	25	100	123	
10	100109	直尺	个	18	108	105	
11	100110	三角尺	个	33	109	110	
12	100111	笔记本	本	15	101	90	

库存查询表

商品代码		100105	
商品名称	铅笔	单位	支
期初库存	10	进货量	110
出库量	117	结余库存	3

图5-93

Step 01 首先创建一个库存查询表框架，然后选择B2单元格，打开"数据"选项卡，单击"数据验证"按钮，如图5-94所示。

Step 02 打开"数据验证"对话框，在"设置"选项卡中将"允许"设置为"序列"，在"来源"文本框中输入"=库存表!$A$2:$A$12"，单击"确定"按钮，如图5-95所示。

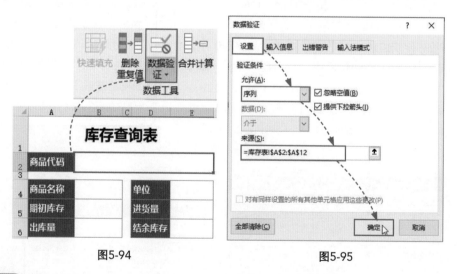

图5-94   图5-95

Step 03 选择B2单元格，单击其右侧下拉按钮，从列表中选择"100103"选项，如图5-96所示。

Step 04 选择B4单元格，输入公式"=VLOOKUP($B$2,库存表!$A$2:$G$12,2,FALSE)"，按【Enter】键确认，查询商品名称，如图5-97所示。

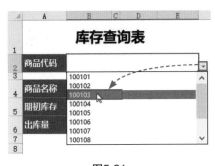

图5-96   图5-97

Step 05   选择E4单元格，输入公式"=VLOOKUP($B$2,库存表!$A$2:$G$12,3, FALSE)"，按【Enter】键确认，查询"单位"信息，如图5-98所示。

Step 06   选择B5单元格，输入公式"=VLOOKUP($B$2,库存表!$A$2:$G$12,4, FALSE)"，按【Enter】键确认，查询"期初库存"，如图5-99所示。

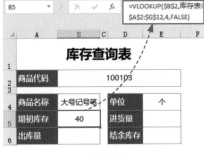

图5-98   图5-99

Step 07   接着在E5单元格中输入公式"=VLOOKUP($B$2,库存表!$A$2:$G$12,5, FALSE)"，在B6单元格中输入公式"=VLOOKUP($B$2,库存表!$A$2:$G$12,6,FALSE)"，在E6单元格中输入公式"=VLOOKUP($B$2,库存表!$A$2:$G$12,7,FALSE)"，查询"进货量""出库量""结余库存"，如图5-100所示。

图5-100

知识地图

　　Excel函数类型有300多种，大家没有必要全部掌握，只需掌握平时工作中那几类常用函数即可。本章介绍了几款常用函数的实际应用，为了巩固所学，下面着重对函数的构成以及输入方式的相关知识点进行系统梳理，希望能够加深读者的印象，提高学习效率。

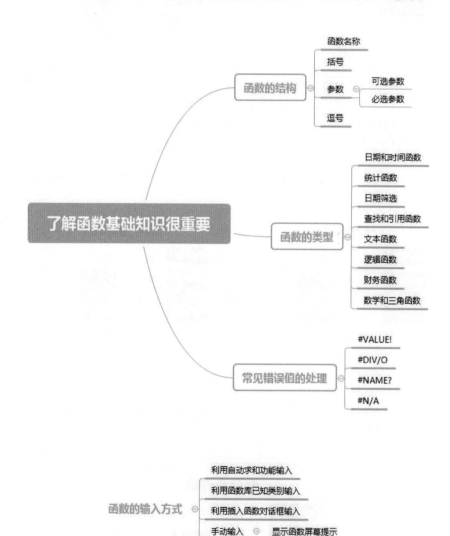

第6章

图表直观展示
数据作用大

很多人都听说过"字不如表,表不如图"这句话,可以看出图表的重要性。如果图形是人类的共同语言,那么图表是数据的共同语言。图表可以将枯燥的数据变得更加生动、形象。试想一张全是数字的表格和一张图表,你会更愿意看哪一个呢?

6.1 制作公司旅游支出图表

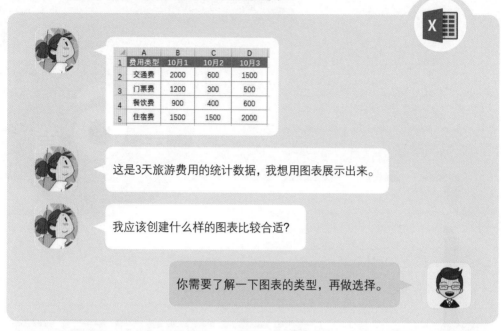

这是3天旅游费用的统计数据，我想用图表展示出来。

我应该创建什么样的图表比较合适？

你需要了解一下图表的类型，再做选择。

6.1.1 认识 Excel 图表的类型

Excel为用户提供17种图表类型，包括柱形图、折线图、饼图、条形图、面积图、XY散点图、地图、股价图、曲面图、雷达图、树状图、旭日图、直方图、箱形图、瀑布图、漏斗图和组合，如图6-1所示。

其中，最常用到的是柱形图、折线图、饼图和条形图。

（1）柱形图

柱形图常用于多个类别的数据比较。例如，将3天的费用制作成柱形图，如图6-2所示。柱形图中又包含堆积柱形图、百分比堆积柱形图、三维簇状柱形图等。

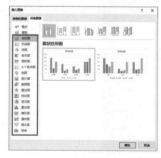

图6-1

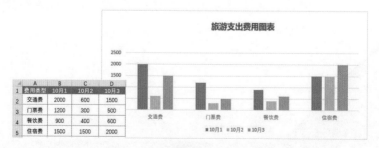

图6-2

当图表中的柱形过多时，阅读起来就比较费劲。用户可以只将4种费用的总额制作成柱形图，如图6-3所示。

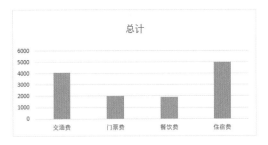

图6-3

（2）条形图

相比之下，条形图更加适合多个类别的数值大小比较，常用于表现排行名次。例如，将3月份员工的销量制作成条形图，如图6-4所示。

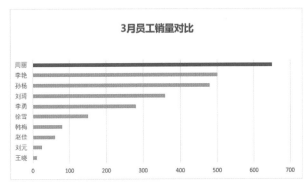

图6-4

（3）饼图

饼图常用来表达一组数据的百分比占比关系，包括：三维饼图、复合饼图、圆环图等。例如，使用饼图展示课程成交数量占比，如图6-5所示。

图6-5

（4）折线图

折线图主要用来表现趋势，折线图侧重于数据点的数值随时间推移的大小变化。例如，将订单成交量制作成折线图，如图6-6所示。

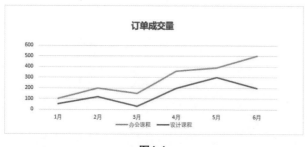

图6-6

> **经验之谈**
>
> 通常情况下，数字对比用柱形，销售趋势用折线，贡献占比用饼图。因此，要采用何种形式的图表，取决于数据的展示目的。

6.1.2 了解图表的主要组成元素

一张图表主要由图表区、绘图区、水平（类别）轴、垂直（值）轴、图表标题、数据标签、数据系列、网格线、图例等元素组成。

（1）图表区

图表区包含了整张图表的所有元素，如图6-7所示。选择并拖拽图表右上角的空白区域，可以移动整个图表。

（2）绘图区

绘图区中包含柱形、网格线等元素，如图6-8所示。单击即可选择绘图区。

（3）网格线

绘图区中的横线就是网格线，如图6-9所示。单击即可选择网格线，网格线的两端出现小圆点，表示已经被选中。

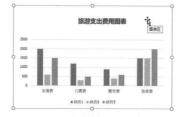

图6-7

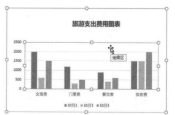

图6-8

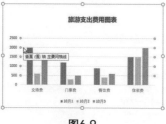

图6-9

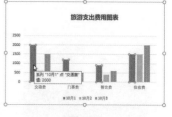

图6-10

（4）数据系列

图表中的柱形、扇形、折线等就是数据系列，如图6-10所示。数据系列最醒目的属性就是颜色。单击即可选中数据系列，再次单击可以选择单个柱形。

（5）图表标题

图表标题位于图表区上方中间位置，起引导说明的作用，如图6-11所示，字号突出醒目即可。

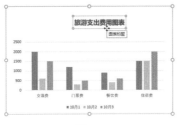

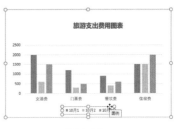

图6-11　　　　　　　　　图6-12

（6）图例

图例用于标识图表数据系列，图例一般在图表的下方，如图6-12所示。

（7）水平（类别）轴/垂直（值）轴

水平轴和垂直轴又被称作"X轴"和"Y轴"，它们确定了表格的两个维度，坐标轴一般包含刻度和最大、最小值，如图6-13所示。

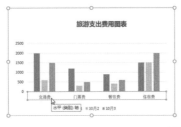

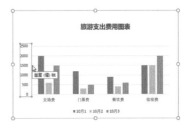

图6-13

6.1.3　创建图表

用户可以通过"插入图表"对话框或"功能区"创建图表。

（1）通过"插入图表"对话框创建

选择A1:D5单元格区域，打开"插入"选项卡，单击"推荐的图表"按钮，如图6-14所示。打开"插入图表"对话框，选择"所有图表"选项卡，从中选择合适的图表类型，这里选择"柱形图"，并在右侧选择图表，单击"确定"按钮，如图6-15所示，即可创建一个簇状柱形图。

经验之谈

选中数据区域，按【Alt＋F1】组合键，即可在数据所在的工作表中创建一个图表；按【F11】功能键，可以创建一个名为Chart1的图表工作表。

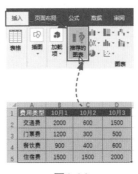

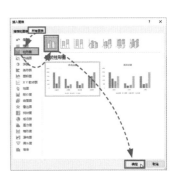

图6-14　　　　　　　　图6-15

（2）通过"功能区"创建图表

选择A1:D5单元格区域，打开"插入"选项卡，在功能区中选择合适的图表类型，这里单击"插入柱形图或条形图"下拉按钮，从列表中选择合适的图表即可，如图6-16所示。

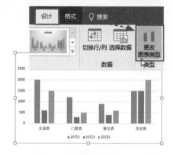

图6-16

6.1.4 更改图表类型

如果创建的图表不是很合适，则用户可以更改图表的类型。选择图表，打开"图表工具-设计"选项卡，单击"更改图表类型"按钮，如图6-17所示。打开"更改图表类型"对话框，从中选择一种图表类型，如图6-18所示。单击"确定"按钮即可。

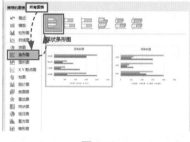

图6-17　　　　　　　　　　图6-18

6.1.5 调整图表大小和位置

创建图表后，用户可以根据需要调整图表的大小和位置。

（1）调整图表大小

选择图表，将鼠标光标移至图表右下角的控制点上，按住鼠标左键不放，拖动鼠标，即可调整图表的大小，如图6-19所示。

此外，选择绘图区，将鼠标移至控制点上，拖动鼠标，如图6-20所示，即可调整绘图区的大小。

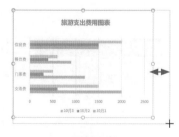

图6-19

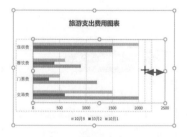

图6-20

（2）调整图表位置

选择图表，将鼠标光标移至图表上方空白处，此时光标变为"⌖"形状，如图6-21所示。然后按住鼠标左键不放,拖动鼠标,将其移至合适位置即可。

此外,选择绘图区,将光标移至其边框上,按住鼠标左键不放,拖动鼠标,即可移动绘图区的位置,如图6-22所示。

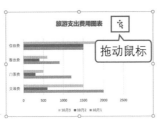
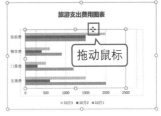

图6-21　　　　　　　図6-22

💬 经验之谈

选择图表后,在"图表工具-设计"选项卡中单击"移动图表"按钮,打开"移动图表"对话框,在该对话框中可以选择放置图表的位置,如图6-23所示。

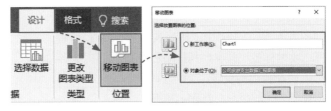

图6-23

6.1.6　切换图表坐标轴数据

如果用户想要将标在X轴上的数据移到Y轴上,则可以使用"切换行/列"功能,反之亦然。

选择图表,打开"图表工具-设计"选项卡,单击"切换行/列"按钮即可,如图6-24所示。

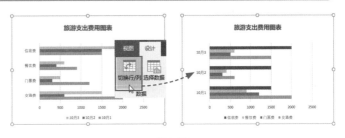

图6-24

6.2　制作项目收支利润图表

收支利润图表用来分析公司项目的收入、支出和利润情况,如图6-25所示。下面通过制作项目收支利润图表来介绍如何添加或删除图表元素、设置图表标题、设置数据标签、编辑图例、设置坐标轴样式等。

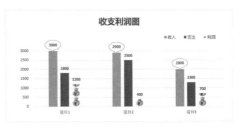

图6-25

6.2.1 添加或删除图表元素

创建一个图表后，默认显示"图表标题""水平轴""垂直轴""图例"等元素，用户可以根据需要添加或删除图表元素。

（1）添加图表元素

① **添加数据标签**。选择图表，打开"图表工具-设计"选项卡，单击"添加图表元素"下拉按钮，从列表中选择"数据标签"选项，并从其级联菜单中选择合适的位置，这里选择"数据标签外"选项即可，如图6-26所示。

② **添加网格线**。选择图表，单击"添加图表元素"下拉按钮，从列表中选择"网格线"选项，并从其级联菜单中选择"主轴次要水平网格线"选项即可，如图6-27所示。

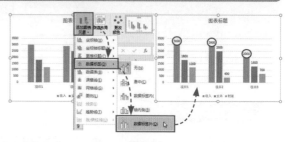

图6-26

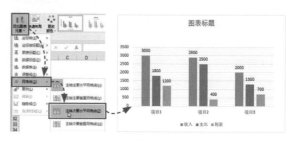

图6-27

（2）删除图表元素

如果我想要把图表中不需要的图表元素删除，该怎么操作呢？

很简单，有两种方法可以选择。

方法一 使用【Delete】键删除

如果用户想要将图表中的"图例"删除，则可以选择"图例"，按【Delete】键，即可将其删除，如图6-28所示。使用该方法，也可以删除图表中的其他元素。

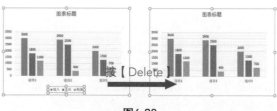

图6-28

方法二 使用"图表元素"菜单 删除

选择图表,单击其右侧的"图表元素"按钮,在弹出的菜单中,取消选项前的勾选,这里取消"图例"复选框的勾选,即可将其删除,如图6-29所示。

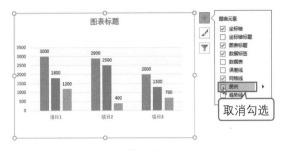

图6-29

6.2.2 设置图表标题

创建图表后,在图表上方默认显示"图表标题",用户可以根据需要设置图表标题。

(1)更改图表标题

选择"图表标题"文本,将其更改为"收支利润图",如图6-30所示。

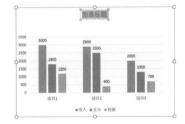 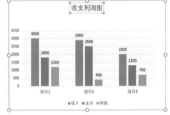

图6-30

(2)更改图表标题字体格式

选择图表标题,在"开始"选项卡中设置标题的字体、字号、字体颜色等,如图6-31所示。这里将"字体"设置为"微软雅黑",将"字号"设置为"18",加粗显示。

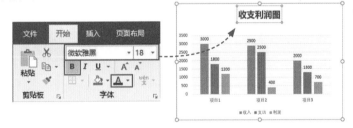

图6-31

经验之谈

在"开始"选项卡中单击"字体"选项组的对话框启动器按钮,打开"字体"对话框,在"字体"选项卡中也可以设置图表标题的字体格式,例如字体、字体样式、大小、字体颜色等,如图6-32所示。

图6-32

6.2.3　设置数据标签

为图表添加数据标签，可以直观地显示数据。为了呈现更好的效果，用户可以对数据标签进行设置。

（1）设置数据标签字体格式

选择数据标签，在"开始"选项卡中，将"字体"设置为"等线"，将"字号"设置为"9"，加粗显示，并设置合适的字体颜色，如图6-33所示。

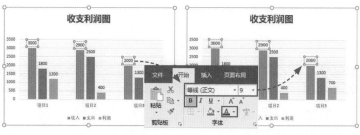

图6-33

（2）更改数据标签形状

选择数据标签，单击鼠标右键，从弹出的快捷菜单中选择"更改数据标签形状"选项，并从其级联菜单中选择合适的形状，这里选择"对话气泡：椭圆形"，如图6-34所示，即可将数据标签设置成对话气泡形状，如图6-35所示。

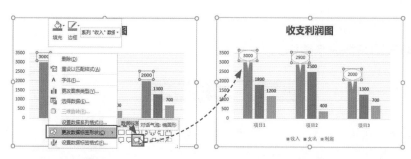

图6-34　　　　　　　　　　　　　　图6-35

经验之谈

选择单个数据标签，将鼠标移至对话气泡形状下方的黄色控制点上，然后按住鼠标左键不放，拖动鼠标，调整气泡形状，如图6-36所示。

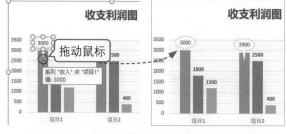

图6-36

（3）设置数据标签格式

选择数据标签，单击鼠标右键，从弹出的快捷菜单中选择"设置数据标签格式"命令，

打开"设置数据标签格
式"窗格,选择"填充与
线条"选项卡,在"填
充"选项中选择"纯色填
充"单选按钮,然后单击
"颜色"下拉按钮,从列
表中选择合适的填充颜
色即可,如图6-37所示。

在"边框"选项中选
择"实线"单选按钮,并

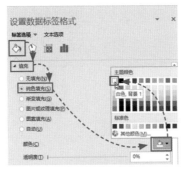

图6-37

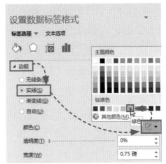

图6-38

设置合适的线条颜色即可,如图6-38所示。

此外,打开"效果"选项卡,可以为数据标签设置阴影、发光、柔化边缘、三维格式效果,如图6-39所示。打开"大小与属性"选项卡,可以设置数据标签的对齐方式,如图6-40所示。打开"标签选项"选项卡,可以设置数据标签的标签包括、分隔符、标签位置、数字类别等,如图6-41所示。

图6-39

图6-40

图6-41

6.2.4　编辑图例

图例一般位于图表
的底部或右侧,用户可
以根据需要将其移动到
图表的任意位置。

选择图例,然后按
住鼠标左键不放,拖动
鼠标,将其移至合适位
置即可,如图6-42所示。

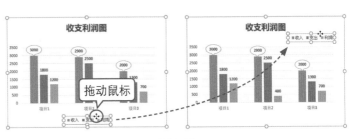

图6-42

此外，选择图例，单击鼠标右键，从弹出的快捷菜单中选择"设置图例格式"选项，如图6-43所示。打开"设置图例格式"窗格，从中可以设置图例的填充与线条、效果、图例选项，如图6-44所示。

图6-43　　　　　图6-44

6.2.5　设置坐标轴格式

坐标轴是标示图表数据类别的坐标线，用户可以对图表的"水平轴"和"垂直轴"的格式进行相关设置。

（1）设置垂直轴

选择"垂直（值）轴"，单击鼠标右键，从弹出的快捷菜单中选择"设置坐标轴格式"命令，如图6-45所示。打开"设置坐标轴格式"窗格，在"坐标轴选项"选项卡中可以设置垂直轴的边界、单位、横坐标轴交叉、显示单位等，如图6-46所示。

此外，在"刻度线"选项中，可以设置主刻度线类型和次刻度线类型。在"标签"选项中，可以设置标签位置。在"数字"选项中可以设置数字类别、格式代码等，如图6-47所示。

图6-45　　　　　图6-46

（2）设置水平轴

选择"水平（类别）轴"，打开"设置坐标轴格式"窗格，在"坐标轴选项"选项卡中，可以设置坐标轴类型、纵坐标轴交叉、坐标轴位置、逆序类别等，如图6-48所示。

图6-47　　　　　图6-48

6.2.6 调整柱形系列间距

在柱形图中,图表中的柱体就是数据系列。用户可以根据需要调整柱体之间的间距。

(1)调整系列重叠

选择数据系列,单击鼠标右键,从弹出的快捷菜单中选择"设置数据系列格式"命令,如图6-49所示。打开"设置数据系列格式"窗格,在"系列选项"中,将"系列重叠"的滑块向右拖动,系列之间的间距变小直至重叠;向左拖动滑块,系列之间的间距变大。这里将"系列重叠"设置为"–40%",如图6-50所示。

图6-49　　　　　　　图6-50

(2)调整间隙宽度

用户将"间隙宽度"的滑块向右拖动,分类之间的间距变大;向左拖动滑块,分类之间的间距变小。这里将"间隙宽度"设置为"390%",如图6-51所示。

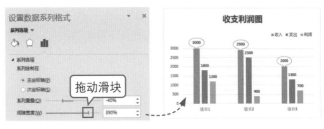

图6-51

> **经验之谈**
>
> 用户在"系列重叠"和"间隙宽度"后面的数值框中单击"⇕"按钮,可以微调系列间距。

6.2.7 设置系列填充

▶扫一扫　看视频◀

为了使图表看起来更加美观,用户可以为数据系列设置纯色填充或图片填充。

(1)设置纯色填充

选择数据系列,打开"图表工具-格式"选项卡,单击"形状填充"下拉按钮,从列表中选择合适的颜色,如图6-52所示,即可为数据系列设置纯色填充颜色,如图6-53所示。

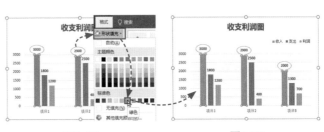

图6-52　　　　　　　图6-53

（2）设置图片填充

选择数据系列，单击鼠标右键，从弹出的快捷菜单中选择"设置数据系列格式"命令，如图6-54所示。打开"设置数据系列格式"窗格，选择"填充与线条"选项卡，在"填充"选项中选择"图片或纹理填充"单选按钮，单击下方的"文件"按钮，如图6-55所示。

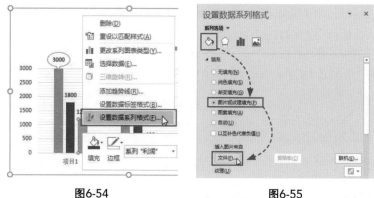

图6-54   图6-55

打开"插入图片"对话框，从中选择需要的图片，单击"插入"按钮，即可将所选图片填充到数据系列中，如图6-56所示。

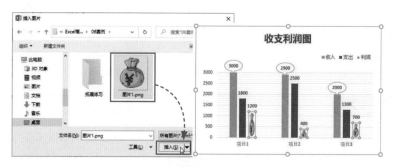

图6-56

注意事项 将图片填充到系列中后，图片发生了变形，用户只需要选择"层叠"单选按钮即可，如图6-57所示。

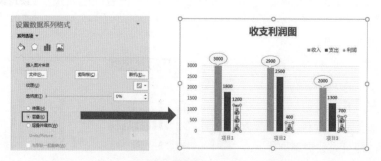

图6-57

除了设置数据系列的填充外，还可以对其进行哪些设置？

你还可以设置数据系列的轮廓和效果。

选择数据系列，在"图表工具-格式"选项卡中，单击"形状轮廓"下拉按钮，从列表中可以设置数据系列轮廓的颜色、粗细、虚线线型，如图6-58所示。单击"形状效果"下拉按钮，从列表中可以为数据系列设置预设、阴影、发光、柔化边缘、棱台等效果，如图6-59所示。

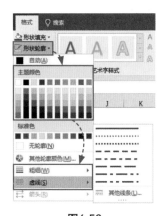

图6-58

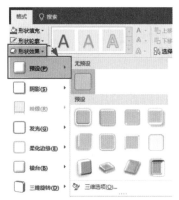

图6-59

6.3 制作流量来源分析图表

淘宝网的流量一般来源于淘宝搜索、天猫搜索、我的淘宝、直接访问等途径。为了分析流量来源占比情况，需要制作流量来源分析图表，如图6-60所示。下面通过制作该图表来介绍如何旋转扇区角度、设置分离饼图、设置饼图背景、设置饼图样式等。

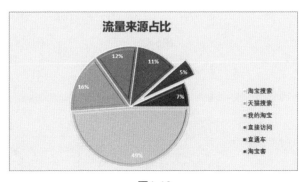

图6-60

6.3.1 旋转扇区角度

创建饼图后,饼图中的扇区大小不一致,为了美观,用户可以将最大的扇区旋转到底部。

选择任意扇区,单击鼠标右键,从弹出的快捷菜单中选择"设置数据系列格式"命令,如图6-61所示。打开"设置数据系列格式"窗格,在"系列选项"中,设置"第一扇区起始角度",如图6-62所示。

将"第一扇区起始角度"设置为"90°",此时,最大的扇区被旋转到底部,如图6-63所示。用户根据需要设置旋转角度即可。

图6-61　　　　　　　　图6-62　　　　　　　　图6-63

6.3.2 设置分离饼图

如果用户想要将最小的扇区分离出来,则需要单击2次鼠标,选中扇区,如图6-64所示。然后按住鼠标左键不放,向外拖动鼠标,即可将最小的扇区分离出来,如图6-65所示。

此外,打开"设置数据系列格式"窗格,在"系列选项"中,设置"饼图分离",如图6-66所示。可以将全部的扇区分离开来,如图6-67所示。

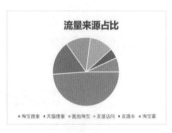

图6-64　　　　　　　　　　　　　图6-65

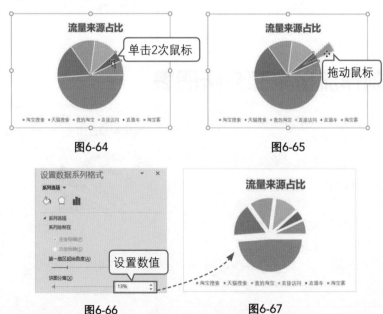

图6-66　　　　　　　　图6-67

6.3.3 设置饼图背景

创建的图表背景默认为白色，用户可以对饼图的背景进行设置，起到美化的作用。

（1）设置纯色背景

选择饼图，单击鼠标右键，从弹出的快捷菜单中选择“设置图表区域格式”命令，如图6-68所示。打开“设置图表区格式”窗格，选择“填充与线条”选项卡，在“填充”选项中选择“纯色填充”单选按钮，并单击“颜色”下拉按钮，从列表中选择合适的颜色，如图6-69所示。

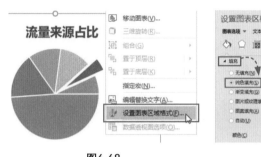

图6-68

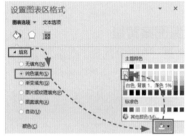

图6-69

此时，为饼图设置了纯色背景，如图6-70所示。

> **经验之谈**
>
> 选择饼图，单击鼠标右键，在弹出的面板中单击“填充”下拉按钮，从列表中选择合适的颜色，也可以为饼图设置纯色背景，如图6-71所示。

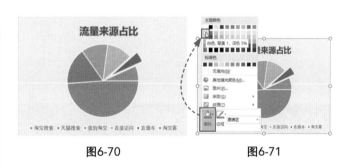

图6-70

图6-71

（2）设置渐变背景

在“填充”选项中选择“渐变填充”单选按钮，并在下方设置“渐变光圈”和“颜色”，即可为饼图设置渐变背景，如图6-72所示。

图6-72

（3）设置纹理背景

在“填充”选项中选择“图片或纹理填充”单选按钮，然后单击“纹理”下拉按钮，从列表中选择合适的纹理样式，即可为

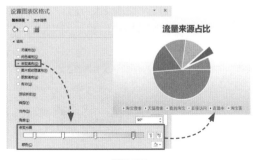

饼图设置纹理背景,如图6-73所示。

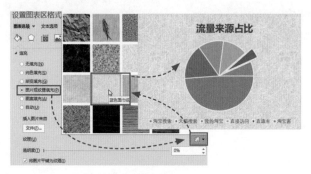

图6-73

（4）设置图案背景

在"填充"选项中选择"图案填充"单选按钮,然后在"图案"区域选择合适的图案样式,并设置"前景"和"背景"颜色,即可为饼图设置图案背景,如图6-74所示。

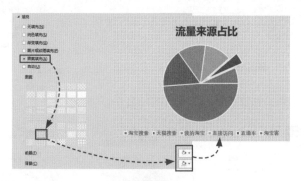

图6-74

6.3.4 设置饼图样式

用户可以通过设置来更改饼图默认的图表样式,使其看起来更加舒适、美观。

（1）设置图表布局

选择饼图,打开"图表工具-设计"选项卡,单击"快速布局"下拉按钮,从列表中选择合适的样式,即可快速更改图表的布局,如图6-75所示。

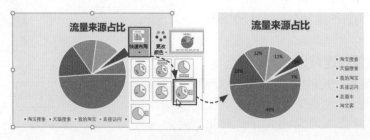

图6-75

（2）更改图表颜色

选择饼图，在"图表工具-设计"选项卡中，单击"更改颜色"下拉按钮，从列表中选择合适的颜色，如图6-76所示，即可快速更改图表的颜色，如图6-77所示。

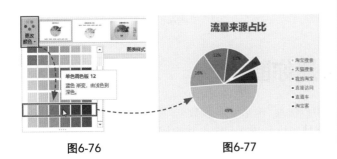

图6-76　　　　图6-77

> **经验之谈**
>
> 选择单个扇区，在"图表工具-格式"选项卡中单击"形状填充"下拉按钮，从列表中选择"红色"，如图6-78所示，即可更改扇区的颜色，如图6-79所示。

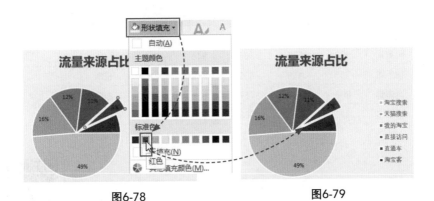

图6-78　　　　图6-79

（3）设置系列效果

选择系列，在"图表工具-格式"选项卡中单击"形状效果"下拉按钮，从列表中选择"棱台"选项，并从其级联菜单中选择合适的效果，如图6-80所示，即可为系列设置棱台效果，如图6-81所示。

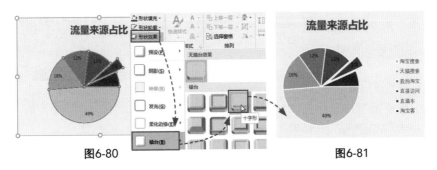

图6-80　　　　图6-81

经验之谈

选择图表,在"图表工具-设计"选项卡中,单击选择需要的样式,如图6-82所示,即可快速更改图表的样式。

图6-82

选择

6.4 创建销售分析迷你图

使用迷你图来分析销售数据,可以快速、有效地比较数据,帮助用户直观地了解数据的变化趋势,如图6-83所示。下面通过创建销售分析迷你图来介绍如何创建迷你图、更改迷你图、编辑迷你图、美化迷你图、删除迷你图等。

	A	B	C	D	E	F	G	H
1	商品	1月	2月	3月	4月	5月	6月	销售趋势
2	洗面奶	909	535	751	403	687	589	
3	隔离霜	520	577	366	845	697	864	
4	护手霜	786	419	620	569	211	687	
5	遮瑕膏	808	256	767	525	370	665	
6	爽肤水	375	785	388	510	810	693	

图6-83

6.4.1 创建迷你图

Excel为用户提供了3种迷你图类型,分别为折线、柱形和盈亏迷你图,用户可以根据需要进行创建。

（1）创建单个迷你图

选择H2单元格,打开"插入"选项卡,单击"迷你图"选项组的"折线"按钮,如图6-84所示。

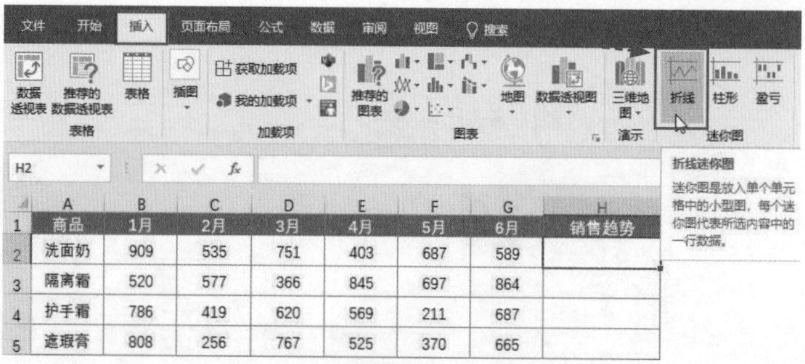

打开"创建迷你图"对话框,从中设置"数据范围",单击"确定"按

图6-84

钮, 如图6-85所示, 即可创建单个迷你图, 如图6-86所示。

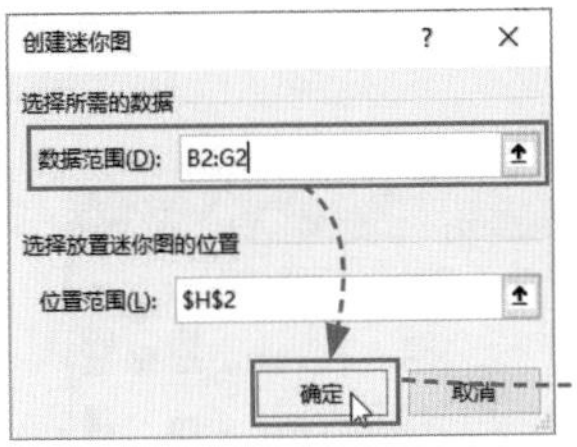

图6-85 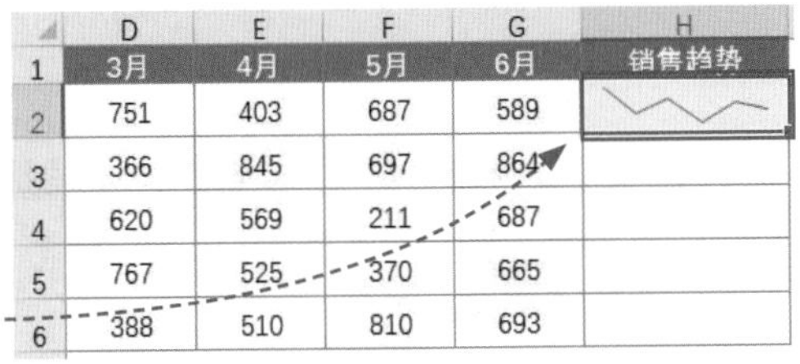　　　　　　　　　　　图6-86

（2）创建一组迷你图

选择H2:H6单元格区域, 在
"插入"选项卡中单击"折线"
按钮, 打开"创建迷你图"对话
框, 设置"数据范围"后, 单击
"确定"按钮, 即可创建一组迷
你图, 如图6-87所示。

图6-87

经验之谈

用户创建单个迷你图后,
可以选择H2:H6单元格区域,
如图6-88所示。按【Ctrl+
D】组合键向下填充迷你图,
如图6-89所示。

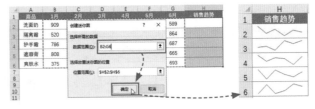

图6-88　　　　　　　　图6-89

6.4.2　更改迷你图

如果创建的迷你图不合适, 则可以更改迷你图。选择迷你图, 打开"迷你图工具-设计"
选项卡, 在"类型"选项组中选择迷你图类型, 这里选择"折线", 即可将柱形迷你图更改为
折线迷你图, 如图6-90所示。

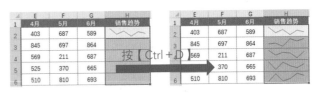

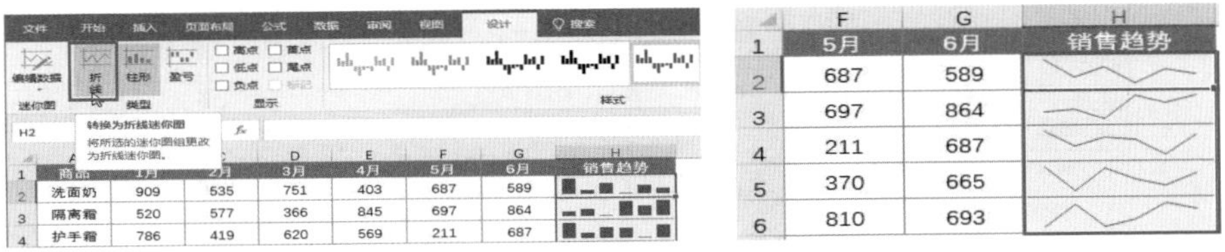

图6-90

此外，如果想要更改其中一个迷你图，则选择迷你图后，在"设计"选项卡中单击"取消组合"按钮，如图6-91所示。接着，在"类型"选项组中选择"折线"，即可将单个迷你图更改为折线迷你图，如图6-92所示。

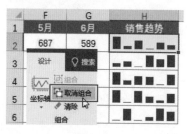

图6-91 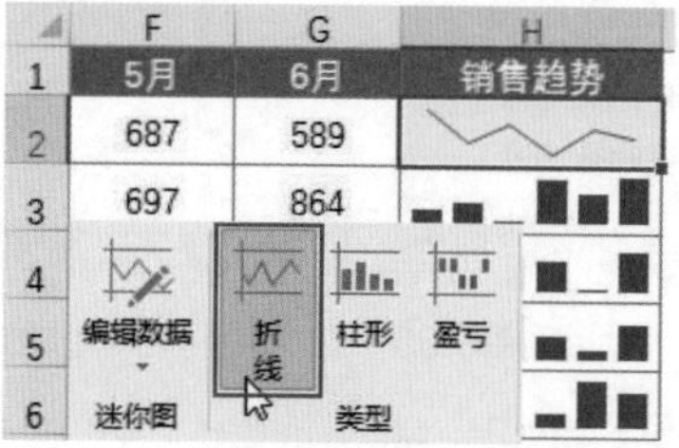   图6-92

6.4.3 编辑迷你图

创建迷你图后，用户可以对迷你图进行编辑，以呈现出想要的效果。例如，为迷你图添加数据点。

选择迷你图，在"设计"选项卡中勾选"标记"复选框，可以将所有的数据点全部显示出来，如图6-93所示。

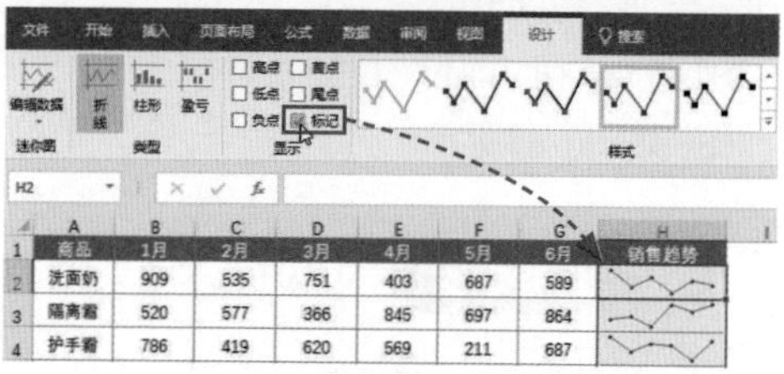

如果用户想要显示特殊数据点，例如

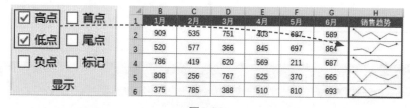

图6-93

"高点"和"低点"，则在"显示"选项组中勾选"高点"和"低点"复选框即可，如图6-94所示。

图6-94

此外，在"设计"选项卡中单击"编辑数据"下拉按钮，从列表中选择"编辑组位置和数据"选项，可以对一组迷你图的数据范围和位置范围进行编辑，如图6-95所示。

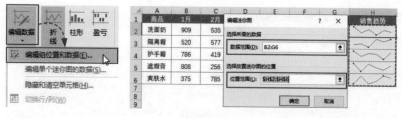

图6-95

在"编辑数据"列表中选择"编辑单个迷你图的数据"选项,可以对单个迷你图的数据源进行编辑,如图6-96所示。

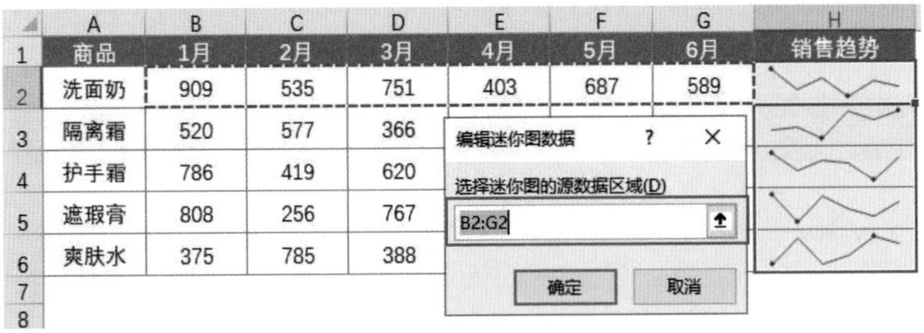

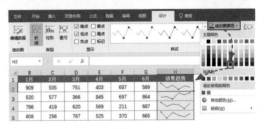

图6-96

6.4.4 美化迷你图

创建迷你图后,用户还可以对迷你图进行相应的美化操作,例如,更改迷你图颜色、设置标记颜色。

(1)更改迷你图颜色

选择迷你图,在"设计"选项卡中单击"迷你图颜色"下拉按钮,从列表中选择合适的颜色,即可更改迷你图的颜色,如图6-97所示。

图6-97

(2)设置标记颜色

在"设计"选项卡中单击"标记颜色"下拉按钮,从列表中可以设置负点、标记、高点、低点、首点以及尾点的颜色,这里将"高点"设置为"红色",将"低点"设置为"黑色",如图6-98所示。

> **经验之谈**
>
> 在"设计"选项卡中,单击选择合适的样式,如图6-99所示,即可快速美化迷你图。

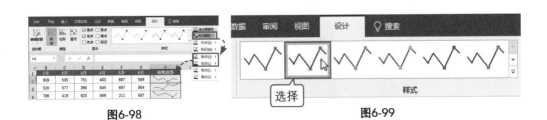

图6-98   图6-99

6.4.5　删除迷你图

当不再需要迷你图时，用户可以将其删除。在"设计"选项卡中，单击"组合"选项组的"清除"下拉按钮，从列表中根据需要进行选择即可，如图6-100所示。

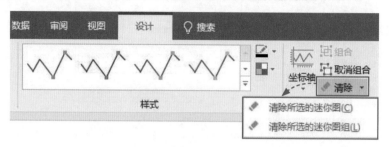

图6-100

注意事项　有的用户会通过选择迷你图后按【Delete】键的方式删除迷你图，但这种方法并不可行，需要使用"清除"命令才可以。

拓展练习：制作公众号后台粉丝变化动态图表

▶ 扫一扫　看视频

某些公众号平台通常会统计粉丝变化情况，可以制作粉丝变化动态图表来直观地显示新关注人数、取消关注人数、粉丝总数等，如图6-101所示。

Step 01　选择A9单元格，打开"数据"选项卡，单击"数据验证"按钮，如图6-102所示。

Step 02　打开"数据验证"对话框，在"设置"选项卡中将"允许"设置为"序列"，在"来源"文本框中输入"=$A$2:$A$5"，单击"确定"按钮，如图6-103所示。

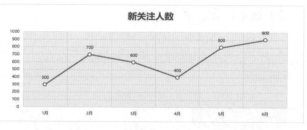

图6-101

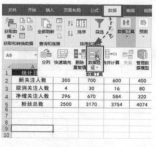

图6-102

图6-103

Step 03 选择A9单元格，单击其右侧下拉按钮，从列表中选择合适的选项，这里选择"新关注人数"，如图6-104所示。

Step 04 选择A7单元格，输入公式"=A9"，然后选择B7单元格，输入公式"=VLOOK UP($A$7,$A$2:G5,COLUMN(),0)"，并将公式向右填充至G7单元格，如图6-105所示。

	A	B	C
1	统计日期	1月	2月
2	新关注人数	300	700
3	取消关注人数	4	30
4	净增关注人数	296	670
5	粉丝总数	2500	3170
6			
7			
8			
9			
10	新关注人数		
11	取消关注人数		
12	净增关注人数		
13	粉丝总数		

图6-104

B7 | =VLOOKUP($A$7,$A$2:G5,COLUMN(),0)

	A	B	C	D	E	F	G
1	统计日期	1月	2月	3月	4月	5月	6月
2	新关注人数	300	700	600	400	800	900
3	取消关注人数	4	30	16	80	20	50
4	净增关注人数	296	670	584	320	780	850
5	粉丝总数	2500	3170	3754	4074	4854	5704
6							
7	新关注人数	300	700	600	400	800	900
8							
9	新关注人数	=A9					

图6-105

Step 05 选择A1:G1和A7:G7单元格区域，打开"插入"选项卡，单击"插入折线图或面积图"下拉按钮，从列表中选择"带数据标记的折线图"选项，如图6-106所示。

	A	B	C	D	E
1	统计日期	1月	2月	3月	4月
2	新关注人数	300	700	600	400
3	取消关注人数	4	30	16	80
4	净增关注人数	296	670	584	320
5	粉丝总数	2500	3170	3754	4074
6					
7	新关注人数	300	700	600	400

图6-106

Step 06 插入一个折线图后，调整其大小，添加网格线、数据标签等，并美化一下图表，最后选择A9单元格，单击其下拉按钮，从列表中选择"取消关注人数"，在折线图中即可显示相关数据，如图6-107所示。

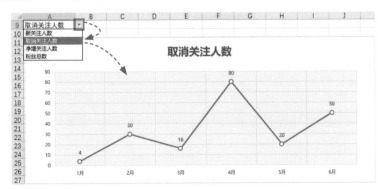

图6-107

知识地图

为了让图表表达得更直观、更清晰，需要对图表的布局和设计进行一番设置。下面着重对图表布局的相关知识进行系统梳理，希望能够加深读者的印象，提高学习效率。

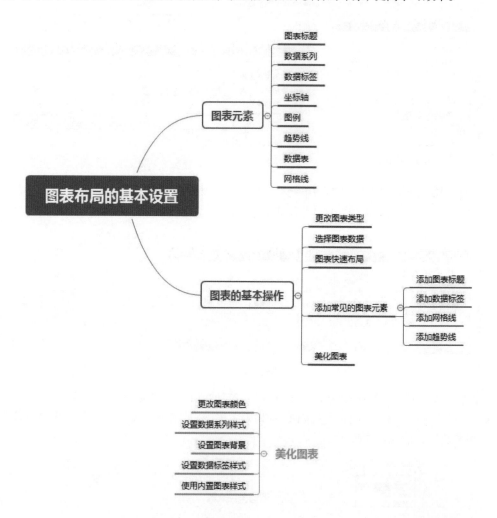

第**7**章

第**7**章

全方位动态分析
数据不简单

大多数人都听说过数据透视表，但却很少使用。其作用不亚于函数，实际上，它比函数更简单。在数据透视表中，只需要拖拽几下鼠标，就可以实现大量数据的分析汇总。因此，数据透视表也是数据分析的"终极武器"。

7.1 创建产品抽检数据透视表

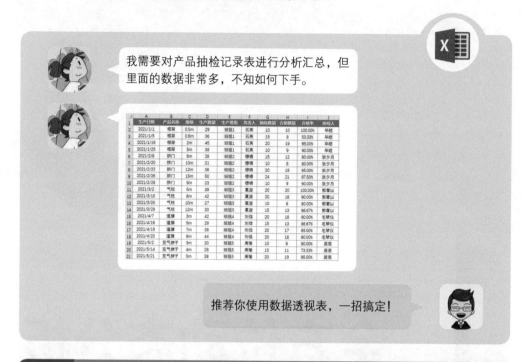

我需要对产品抽检记录表进行分析汇总，但里面的数据非常多，不知如何下手。

推荐你使用数据透视表，一招搞定！

7.1.1 创建数据透视表

　　使用数据透视表可以实现全方位的分析，而且创建一张数据透视表也很简单。用户可以通过2种方法创建。

方法一　根据数据源创建空白数据透视表

　　选择表格中任意单元格，打开"插入"选项卡，单击"数据透视表"按钮，如图7-1所示。打开"创建数据透视表"对话框，从中设置"表/区域"选项，通常默认输入了源表或区域，一般不做修改，单击"确定"按钮，如图7-2所示。

图7-1

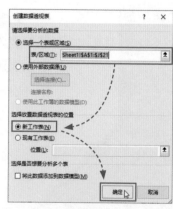

图7-2

在"创建数据透视表"对话框中，选择"现有工作表"单选按钮，然后在"位置"文本框中输入放置数据透视表的首个单元格，如图7-3所示，可以将数据透视表创建在指定的工作表内。

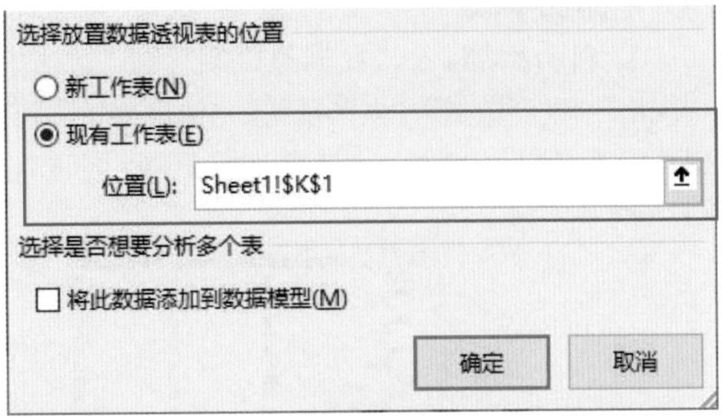

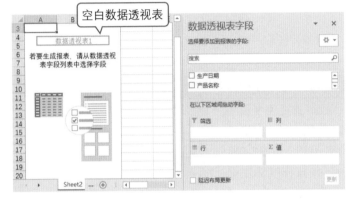

图7-3

此时，在新的工作表中创建一个空白数据透视表，并弹出一个"数据透视表字段"窗格，如图7-4所示。用户在该窗格中可以进行字段的添加、移动、删除等操作。

方法二 根据数据源创建系统推荐的数据透视表

选择表格中任意单元格，在"插入"选项卡中单击"推荐的数据透视表"按钮，打开"推荐的数据透视表"对话框，从中选择需要的数据透视表样式，单击"确定"按钮，即可创建一个数据透视表，如图7-5所示。

图7-4

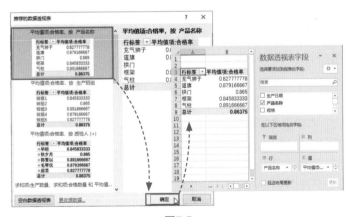

图7-5

7.1.2 添加和移动字段

创建一个空白数据透视表后，用户需要为其添加字段，并根据实际需要对字段进行移动。

（1）添加字段

① **自动添加**。在"数据透视表字段"窗格中，勾选需要的字段，例如"产品名称""规格""生产数量""生产班组""抽检数量""合格数量"，被添加的字段自动出现在"数据透视表字段"的"行"区域和"值"区域，同时，相应的字段也被添加到数据透视表中，如图7-6所示。

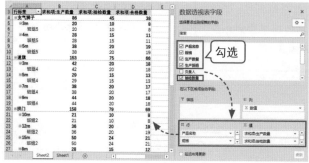

图7-6

② **手动添加**。在"数据透视表字段"窗格中，单击"合格数量"字段，如图7-7所示，并按住鼠标左键不放，将其拖拽至"值"区域，如图7-8所示。"合格数量"字段将作为值出现在数据透视表中，如图7-9所示。

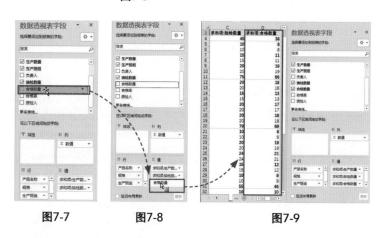

图7-7　　　　图7-8　　　　　　图7-9

（2）移动字段

在"数据透视表字段"窗格中，单击"行"区域中的"生产班组"下拉按钮，从列表中根据需要选择移动选项，这里选择"移至开头"，如图7-10所示，即可将"生产班组"字段移至"行"区域的最顶端，如图7-11所示。

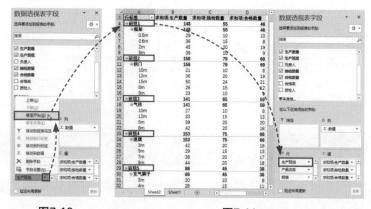

图7-10　　　　　　　图7-11

此外，在"行"区域中，单击选择"生产班组"字段，如图7-12所示，按住鼠标左键不放，向上拖动鼠标，如图7-13所示，可以将"生产班组"字段移至"产品名称"字段上方，如图7-14所示。

图7-12   图7-13   图7-14

▶扫一扫 看视频

7.1.3 修改字段名称

当用户向"值"区域添加字段后，字段被重命名，例如，"生产数量"变成了"求和项：生产数量"，这样会加大字段所在列的列宽，影响表格美观，用户可以修改字段名称。

方法一 直接修改字段名称

选择数据透视表中的标题字段，例如，"求和项：生产数量"，如图7-15所示。在"编辑栏"中输入新标题"产量"，如图7-16所示，按【Enter】键确认即可。

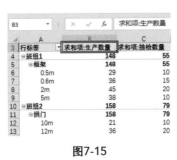

图7-15

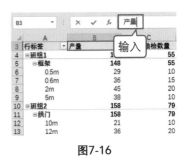

图7-16

注意事项

使用上述方法修改后的新名称不能与原有字段名称重名，如图7-17所示。

图7-17

方法二 替换字段名称

如果用户想要保持原有
字段名称不变,可以使用替
换的方法。选择标题单元格
区域,即C3:D3单元格区域,
在"开始"选项卡中单击"查
找和选择"下拉按钮,从列
表中选择"替换"选项,如图
7-18所示。

图7-18

打开"查找和替换"对
话框,在"查找内容"文本框中输入"求和项:",在"替换为"文本框中输入一个空格,单击
"全部替换"按钮,弹出一个提示对话框,直接单击"确定"按钮即可,如图7-19所示。

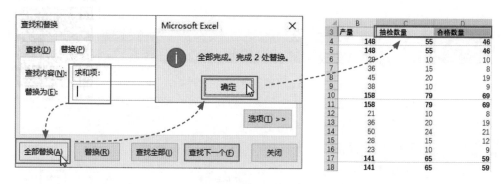

图7-19

7.1.4 展开与折叠活动字段

如果用户需要显示详细数据,可以将折叠的字段展开,或者将一些敏感数据折叠隐藏
起来。

(1)展开活动字段

选择任意日期字段,
单击鼠标右键,从弹出的
快捷菜单中选择"展开/
折叠"选项,并从其级联
菜单中选择"展开"命
令,如图7-20所示,即可
显示"2月"字段的明细
数据,如图7-21所示。

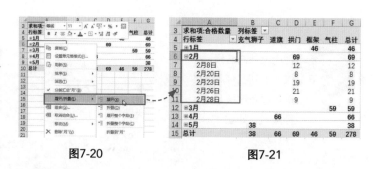

图7-20   图7-21

此外，用户分别单击"1月""2月""3月"等字段前面的"➕"按钮，如图7-22所示，也可以显示明细数据，如图7-23所示。

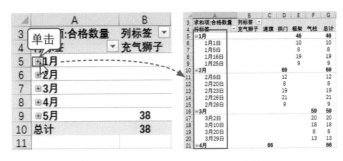

图7-22　　　　　　图7-23

（2）折叠活动字段

选择日期字段任意单元格，打开"数据透视表工具-分析"选项卡，单击"折叠字段"按钮，即可折叠活动字段的所有项，如图7-24所示。

此外，用户分别单击"1月""2月""3月"等字段前面的"➖"按钮，如图7-25所示，也可以将活动字段下的选项折叠起来，如图7-26所示。

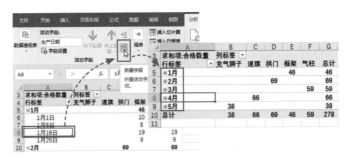

图7-24

图7-25

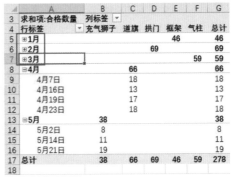

图7-26

经验之谈

如果用户希望去掉数据透视表中各字段项的"+/−"按钮，则可以在"数据透视表工具-分析"选项卡中单击"+/−按钮"按钮即可，如图7-27所示。

图7-27

7.1.5 组合字段

通常数据透视表呈现的是某种趋势或规律，数据太精确反而不利于得出结论，此时用户可以将某些字段进行组合，以便从更宏观的角度进行分析，例如，按"月"组合数据透视表中的日期字段。

选择任意一个日期单元格，单击鼠标右键，从弹出的快捷菜单中选择"组合"命令，如图7-28所示。打开"组合"对话框，"起始于"和"终止于"为默认状态，在"步长"列表框中选择"月"，单击"确定"按钮，如图7-29所示。

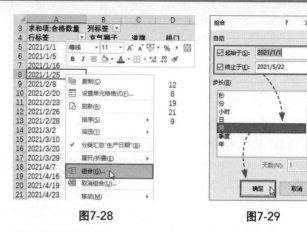

| 图7-28 | 图7-29 |

此时，日期字段按照"月"进行显示，如图7-30所示。

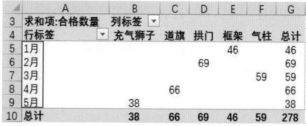

	A	B	C	D	E	F	G
3	求和项:合格数量	列标签					
4	行标签	充气狮子	道旗	拱门	框架	气柱	总计
5	1月				46		46
6	2月			69			69
7	3月					59	59
8	4月		66				66
9	5月	38					38
10	总计	38	66	69	46	59	278

图7-30

如果用户想要取消组合，则选择日期单元格，单击鼠标右键，从弹出的快捷菜单中选择"取消组合"命令，如图7-31所示；或打开"分析"选项卡，单击"取消组合"按钮即可，如图7-32所示。

图7-31

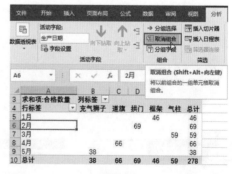

图7-32

7.1.6 修改数据透视表布局

创建数据透视表后，用户可以对其布局进行修改，以达到想要的效果。

▶扫一扫 看视频◀

（1）修改分类汇总显示方式

选择数据透视表任意单元格,打开"数据透视表工具-设计"选项卡,单击"布局"选项组的"分类汇总"下拉按钮,从列表中根据需要进行选择即可,这里选择"不显示分类汇总",即可将数据透视表中的分类汇总删除,如图7-33所示。

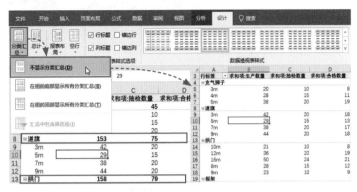

图7-33

此外,用户选择任意一个"产品名称"字段,单击鼠标右键,从弹出的快捷菜单中取消"分类汇总'产品名称'"选项的勾选,如图7-34所示,也可以删除分类汇总。

或者在"分析"选项卡中单击"字段设置"按钮,打开"字段设置"对话框,在"分类汇总"选项中选择"无"单选按钮,如图7-35所示。

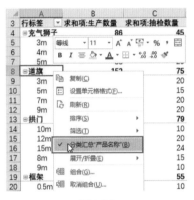

图7-34　　　　　　　　　图7-35

（2）修改报表布局

在"设计"选项卡中单击"报表布局"下拉按钮,从列表中根据需要选择合适的选项,这里

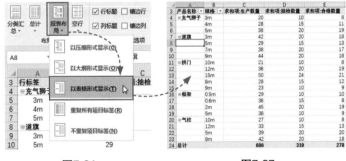

图7-36　　　　　　　　　图7-37

选择"以表格形式显示",如图7-36所示。数据透视表即可以表格形式显示,如图7-37所示。

7.1.7　美化数据透视表

Excel内置了一些数据透视表样式,用户可以直接套用样式来美化数据透视表。

选择数据透视表任意单元格,打开"数据透视表工具-设计"选项卡,在"数据透视表样式"选项组中单击"其他"下拉按钮,如图7-38所示。

从列表中选择合适的样式,如图7-39所示,即可快速为数据透视表套用所选样式,如图7-40所示。

图7-38

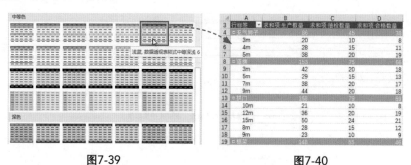

图7-39 图7-40

7.2 分析网店销售数据透视表

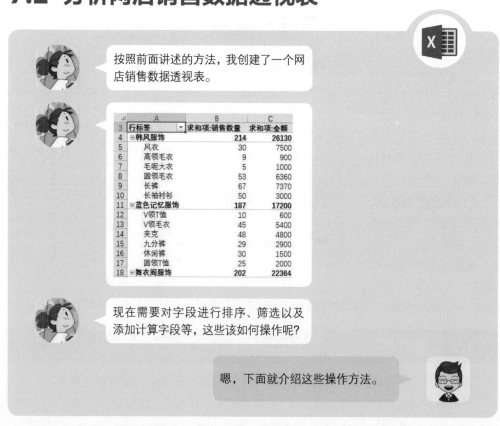

按照前面讲述的方法,我创建了一个网店销售数据透视表。

现在需要对字段进行排序、筛选以及添加计算字段等,这些该如何操作呢?

嗯,下面就介绍这些操作方法。

7.2.1 值字段设置

创建数据透视表后,用户可以对值字段进行设置,例如更改值汇总方式、更改值显示方式。

(1)更改值汇总方式

例如,将"求和项:销售数量"的求和汇总方式更改为计数汇总方式。首先将"销售数量"字段再次拖至"值"区域,增加一个新的字段"求和项:销售数量2",然后在"值"区域,单击"求和项:销售数量2"下拉按钮,从列表中选择"值字段设置"命令,如图7-41所示。

打开"值字段设置"对话框,选择"值汇总方式"选项卡,在"计算类型"列表框中选择"计数"选项,然后将"自定义名称"设置为"销量计数",单击"确定"按钮,如图7-42所示,即可将"销售数量"字段的求和汇总方式更改为计数汇总方式,如图7-43所示。

图7-41

(2)更改值显示方式

例如,将"求和项:金额"的显示方式更改为"总计的百分比"。同样,将"金额"字段拖至"值"区域,新增一个"求和项:金额2"字段,然后在"值"区域,单击"求和项:金额2"下拉按钮,从列表中选择"值字段设置"命令,如图7-44所示。打开"值字段设置"对话框,选择"值显示方式"选项卡,并单击"值显示方式"下拉按钮,从列表中选择"总计的百分比"选项,单击"确定"按钮,如图7-45所示。

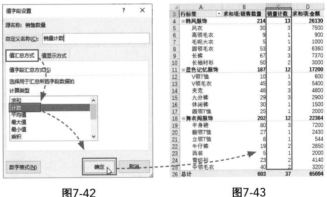

图7-42　　　　　　　　图7-43

图7-44　　　　　　　　图7-45

该字段在表格中的显示方式变为百分数形式，如图7-46所示。

	A	B	C	D	E
3	行标签	求和项:销售数量	销量计数	求和项:金额	销售额占比
4	⊟韩风服饰	214	13	26130	39.78%
5	风衣	30	3	7500	11.42%
6	高领毛衣	9	1	900	1.37%
7	毛呢大衣	5	1	1000	1.52%
8	圆领毛衣	53	3	6360	9.68%
9	长裤	67	3	7370	11.22%
10	长袖衬衫	50	2	3000	4.57%
11	⊟蓝色记忆服饰	187	12	17200	26.18%

图7-46

7.2.2 添加计算字段

数据透视表创建完成后，不允许在数据透视表中添加公式进行计算。如果需要在数据透视表中执行自定义计算，则必须使用“计算字段”功能。例如，用户可以根据商品的“销售数量”和“金额”计算“单价”字段。

选择“求和项：金额”字段所在单元格，在“数据透视表工具-分析”选项卡中单击“字段、项目和集”下拉按钮，从列表中选择“计算字段”选项，打开“插入计算字段”对话框，如图7-47所示。

图7-47

在“名称”文本框中输入“单价”，然后将“公式”文本框中的数据“=0”清除，在“字段”列表框中双击“金额”字段，输入“/”，再双击“销售数量”字段，得到计算“单价”的公式，单击“添加”按钮，将定义好的计算字段添加到数据透视表中，单击“确定”按钮，如图7-48所示。此时数据透视表中新增了一个“求和项：单价”字段，如图7-49所示。

图7-48

	A	B	C	D
3	行标签	求和项:销售数量	求和项:金额	求和项:单价
4	V领T恤	10	600	60
5	V领毛衣	45	5400	120
6	半身裙	80	7200	90
7	翻领T恤	27	2430	90
8	风衣	30	7500	250
9	高领毛衣	9	900	100
10	夹克	48	4800	100
11	九分裤	29	2900	100
12	立领T恤	8	544	68
13	毛呢大衣	5	1000	200
14	牛仔裤	19	2850	150
15	西装	5	2000	400
16	休闲裤	30	1500	50
17	雪纺衫	23	4140	180
18	圆领T恤	25	2000	80
19	圆领毛衣	53	6360	120
20	长裤	67	7370	110
21	长袖衬衫	50	3000	60
22	中领毛衣	40	3200	80
23	总计	603	65694	108.9452736

图7-49

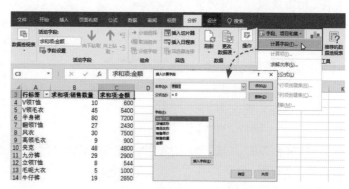

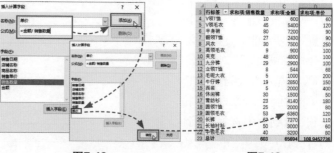

7.2.3 排序字段

数据的排序是数据分析必不可少的功能,在数据透视表中同样可以进行排序操作。用户可以使用2种方法进行排序。

方法一 手动排序

例如,将"店铺名称"字段按照"舞衣阁服饰""蓝色记忆服饰""韩风服饰"的顺序排序。

选择"舞衣阁服饰"字段所在单元格,将光标移至其右侧边框上,当光标变为" " 形状时,如图7-50所示,按住鼠标左键不放,将其拖至"韩风服饰"字段的上方,如图7-51所示,即可将"舞衣阁服饰"字段移至最顶端,如图7-52所示。

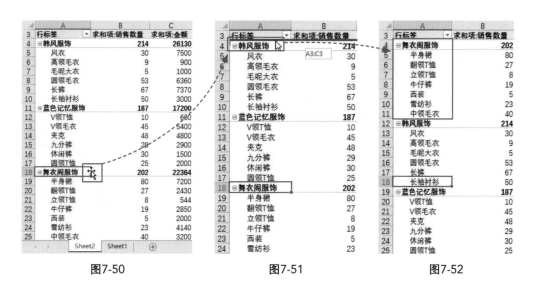

图7-50 图7-51 图7-52

按照上述方法,完成对"店铺名称"字段的排序,如图7-53所示。

经验之谈

用户选择"舞衣阁服饰"字段所在单元格,单击鼠标右键,从弹出的快捷菜单中选择"移动"命令,并从其级联菜单中选择更多的命令,如图7-54所示,对数据透视表进行手动排序。

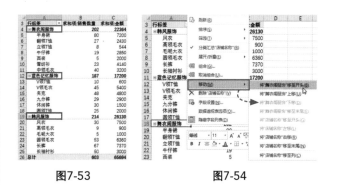

图7-53 图7-54

方法二 自动排序

例如，对"店铺名称"字段进行"降序"排序。单击"行标签"右侧下拉按钮，从弹出的面板中，将"选择字段"设置为"店铺名称"，然后选择"降序"命令，如图7-55所示。"店铺名称"字段即可按照"舞衣阁服饰""蓝色记忆服饰""韩风服饰"的顺序排序，如图7-56所示。

此外，用户也可以选择字段后，单击鼠标右键，从弹出的快捷菜单中选择"排序"命令，从其级联菜单中选择"升序"或"降序"，如图7-57所示。

或者在"数据透视表字段"窗格中单击"店铺名称"右侧下拉按钮，在弹出的菜单中进行"升序"或"降序"操作，如图7-58所示。

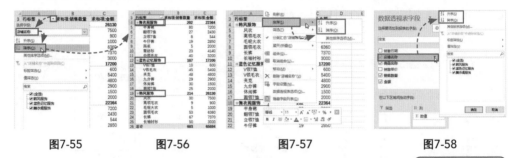

图7-55 　　　　图7-56 　　　　图7-57 　　　　图7-58

7.2.4 筛选字段

除了在数据透视表中进行排序操作外，也可以筛选字段。用户可以通过多种方法进行筛选。

▶扫一扫　看视频◀

方法一 使用"行标签"进行筛选

例如，将店铺名称为"蓝色记忆服饰"的销售数据筛选出来。单击"行标签"右侧下拉按钮，在弹出的面板中，将"选择字段"设置为"店铺名称"，然后取消"全选"复选框的勾选，并勾选"蓝色记忆服饰"复选框，单击"确定"按钮，如图7-59所示，即可将"蓝色记忆服饰"的销售数据筛选出来，如图7-60所示。

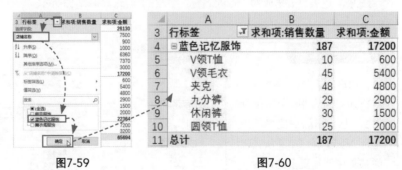

图7-59 　　　　　　　　图7-60

方法二 使用"筛选器"进行筛选

在"数据透视表字段"窗格中，单击"行"区域中的"店铺名称"下拉按钮，从列表中选择“移动到报表筛选”命令，如图7-61所示。将“店铺名称”字段移动到“筛选”区域，同时数据透视表中出现一个“店铺名称”筛选按钮，如图7-62所示。

图7-61

图7-62

单击“店铺名称”筛选按钮，从列表中选择“蓝色记忆服饰”选项，单击“确定”按钮，如图7-63所示，即可将“蓝色记忆服饰”的销售数据筛选出来，如图7-64所示。

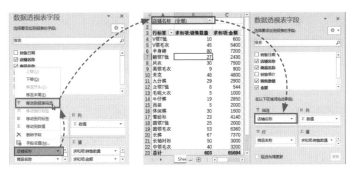

图7-63

	A	B	C
1	店铺名称	蓝色记忆服饰	
2			
3	行标签	求和项:销售数量	求和项:金额
4	V领T恤	10	600
5	V领毛衣	45	5400
6	夹克	48	4800
7	九分裤	29	2900
8	休闲裤	30	1500
9	圆领T恤	25	2000
10	总计	187	17200

图7-64

方法三 使用“切片器”进行筛选

选择数据透视表任意单元格，在“分析”选项卡中单击“插入切片器”按钮，打开“插入切片器”对话框，从中勾选“店铺名称”复选框，单击“确定”按钮，即可在数据透视表中插入一个“店铺名称”切片器，如图7-65所示。

图7-65

图7-66

在“店铺名称”切片器中单击选择“蓝色记忆服饰”选项，即可将“蓝色记忆服饰”的销售数据筛选出来，如图7-66所示。

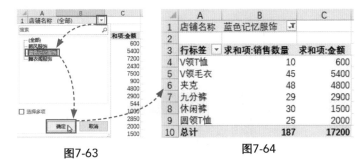

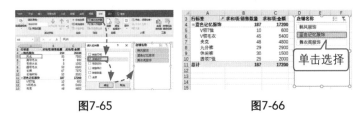

7.3 创建抖音账号运营数据透视图

抖音账号运营数据表一般用来统计抖音上某些视频的发布日期、点赞量、评论量、转发量、涨粉等数据，如图7-67所示，以便更好地运营账号。下面介绍如何根据抖音账号运营数据表创建数据透视图以及在数据透视图中执行筛选操作。

	A	B	C	D	E	F
1	作品标题	发布日期	点赞量	评论量	转发量	涨粉
2	春季养生必吃五种食物	1月1日	1000	500	100	400
3	天然血管清理机，软化血管	1月2日	5000	1000	700	80
4	湿气重福音来了，多吃这一身轻松	1月9日	2000	2000	1200	120
5	睡眠好不好，它说了算	1月10日	1000	202	100	500
6	醉酒伤害有多大	1月11日	666	210	20	200
7	养生好物，吃它	1月12日	555	55	50	600
8	左胸口闷痛，到底是咋回事	1月14日	852	563	60	200
9	血压高不怕，多吃这些水果	1月16日	204	420	10	900
10	年纪大腿脚不灵活，这个部位按五分钟	1月17日	2000	222	20	220
11	血糖高最怕的五种菜	1月20日	1005	333	100	500
12	肝脏不好，嘴巴会出现这些状况	1月25日	5000	444	500	890
13	冠心病需要注意什么	1月26日	1004	520	300	600
14	生姜配二物，天然排湿气	1月29日	10000	1110	800	200

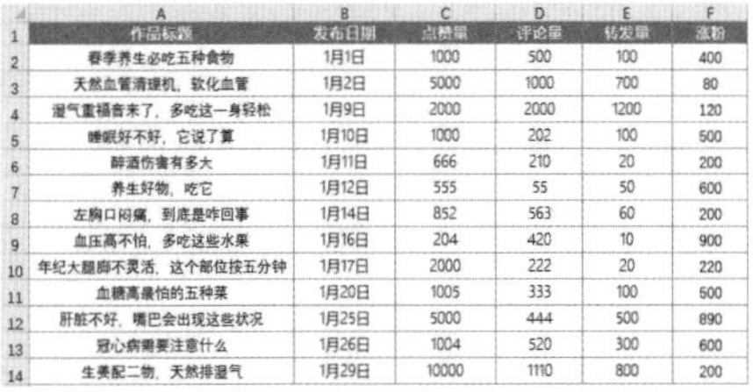

图7-67

7.3.1　创建数据透视图

数据透视图是数据透视表内数据的一种表现方式，通过图形的方式直观、形象地展示数据。创建数据透视图的方法非常简单，主要有以下2种。

方法一　根据数据透视表创建数据透视图

选择数据透视表任意单元格，在"分析"选项卡中单击"数据透视图"按钮，如图7-68所示。打开"插入图表"对话框，从中选择合适的图表类型，单击"确定"按钮，如图7-69所示。

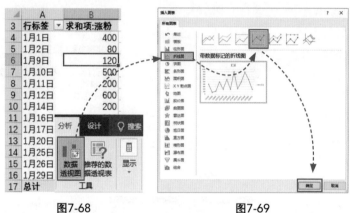

图7-68　　　　　　　　　　　图7-69

此时，即可生成初步的数据透视图，如图7-70所示。

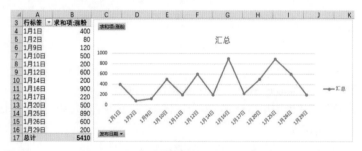

图7-70

方法二　根据数据源直接创建数据透视图

选择数据源表中任意单元格，在"插入"选项卡中单击"数据透视图"下拉按钮，从列表中选择"数据透视图"选项，打开"创建数据透视图"对话框，保持各选项为默认状态，单击"确定"按钮，如图7-71所示。

此时，在新的工作表中创建一个空白

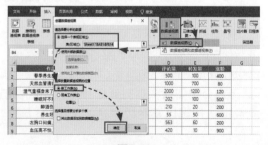

图7-71

的数据透视表和数据透视图,如图7-72所示。

在"数据透视图字段"窗格中勾选需要的字段,这里勾选"发布日期""评论量""涨粉"字段,即可创建出数据透视表,并同时生成相应的数据透视图,如图7-73所示。

图7-72

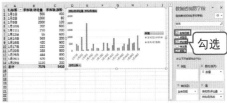

图7-73

7.3.2　在数据透视图中执行筛选

用户不仅可以在数据透视表中进行筛选,还可以在数据透视图中执行筛选操作。例如,将"发布日期"为1月16日的数据筛选出来。

在数据透视图中单击"发布日期"按钮,如图7-74所示。从弹出的面板中选择"日期筛选"选项,并从其级联菜单中选择"等于"选项,如图7-75所示。

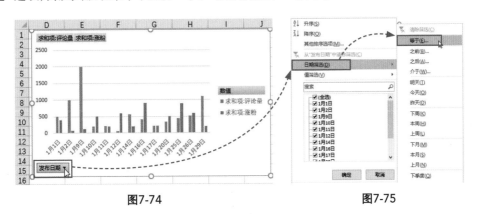

图7-74　　　　　　　　　　　　　　　　图7-75

打开"日期筛选"对话框,在"显示日期符合以下条件的项目"文本框中输入"2020/1/16",单击"确定"按钮,如图7-76所示,即可将"发布日期"为1月16日的数据筛选出来,如图7-77所示。

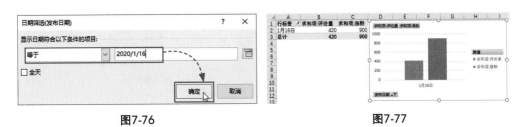

图7-76　　　　　　　　　　　　　　　　图7-77

拓展练习：制作生产订单数据透视表

▶扫一扫 看视频◀

企业通常制作生产订单报表来记录货物订单生产情况，如图7-78所示。为了分析相关数据，可以制作生产订单数据透视表。

	A	B	C	D	E	F	G	H	I	J	K	L
1	订单号	货物编号	货物名称	规格	单位	订单数量	已生产数	未生产数	完成率	是否完成	生产车间线别	责任人
2	SC20201212001	HW0001	货物1	LK909	个	2000	2000	0	100%	已完成	1车间1线	万三
3	SC20201212001	HW0002	货物2	LK910	个	2001	1890	111	94%	未完成	1车间1线	万三
4	SC20201212001	HW0003	货物3	LK911	个	2002	2002	0	100%	已完成	1车间1线	万三
5	SC20201212002	HW0004	货物4	LK912	个	2003	1666	337	83%	未完成	1车间1线	万三
6	SC20201212002	HW0005	货物5	LK913	个	2004	2004	0	100%	已完成	1车间1线	万三
7	SC20201212002	HW0006	货物6	LK914	个	2005	2005	0	100%	已完成	1车间1线	万三
8	SC20201212002	HW0007	货物7	LK915	个	2006	1806	200	90%	未完成	1车间1线	万三
9	SC20201212002	HW0008	货物8	LK916	个	2007	1807	200	90%	未完成	1车间2线	万三
10	SC20201212003	HW0009	货物9	LK917	个	2008	1808	200	90%	未完成	1车间2线	万三
11	SC20201212003	HW0010	货物10	LK918	个	2009	1809	200	90%	未完成	1车间2线	万三
12	SC20201212003	HW0011	货物11	LK919	个	2010	1810	200	90%	未完成	1车间2线	万三
13	SC20201212003	HW0012	货物12	LK920	个	2011	1811	200	90%	未完成	1车间2线	万三

图7-78

Step 01 选择表格中任意单元格，在"插入"选项卡中单击"数据透视表"按钮，打开"创建数据透视表"对话框，保持各选项为默认状态，单击"确定"按钮，如图7-79所示。

Step 02 创建一个空白数据透视表，然后在"数据透视表字段"窗格中勾选"订单号""货物名称""订单数量""已生产数""未生产数"字段即可，如图7-80所示。

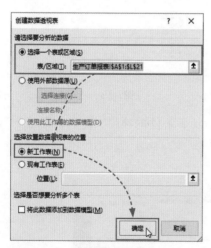
图7-79

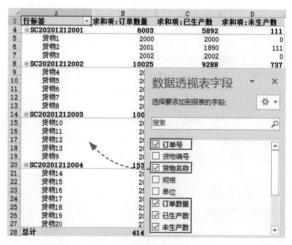
图7-80

知识地图

数据透视表是Excel数据分析的秘密"武器"。它是一种交互式的表格,可以动态地改变版式和布局,以按照不同方式来分析数据。下面着重对数据透视表的分析功能进行梳理,希望能够加深读者的印象,提高学习效率。

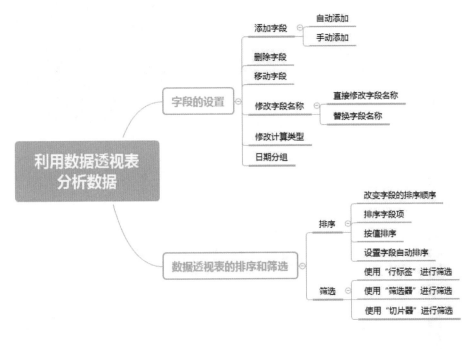

第 8 章

数据分析工具
要学会

如果我们对Excel进行深度挖掘，会发现其功能强大到令人惊叹。我们主要用Excel来分析数据。Excel作为先进的数据分析软件，提供了多项功能来支持类似的分析工作，其中就包括模拟分析、规划分析等。

8.1 计算不同汇率下的交易额

模拟运算表作为工作表的一个单元格区域，可以显示公式中某些数值的变化对计算结果的影响，它是进行预测分析的工具。图8-1为一张某外贸公司A产品交易情况的试算表格。用户可以使用单变量模拟运算和双变量模拟运算来计算不同汇率下的交易额。

图8-1

8.1.1 单变量模拟运算

单变量模拟运算主要分析一个参数变化、其他参数不变时对目标值的影响。用户想要计算不同汇率下的交易额，需要先计算月交易数量、年交易数量、月交易额和年交易额。

首先选择B7单元格，输入公式"=B3*B4"，如图8-2所示。按【Enter】键确认，计算出"月交易数量"，如图8-3所示。

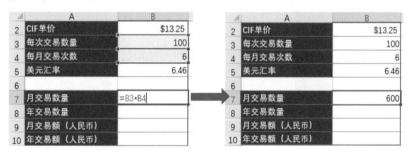

图8-2   图8-3

选择B8单元格，输入公式"=B7*12"，按【Enter】键确认，计算出"年交易数量"，如图8-4所示。

选择B9单元格，输入公式"=B7*B2*B5"，按【Enter】键确认，计算出"月交易额"，如图8-5所示。

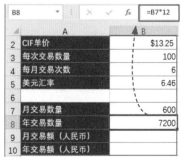

图8-4   图8-5

选择B10单元格，输入公式"=B9*12"，按【Enter】键确认，计算出"年交易额"，如图8-6所示。

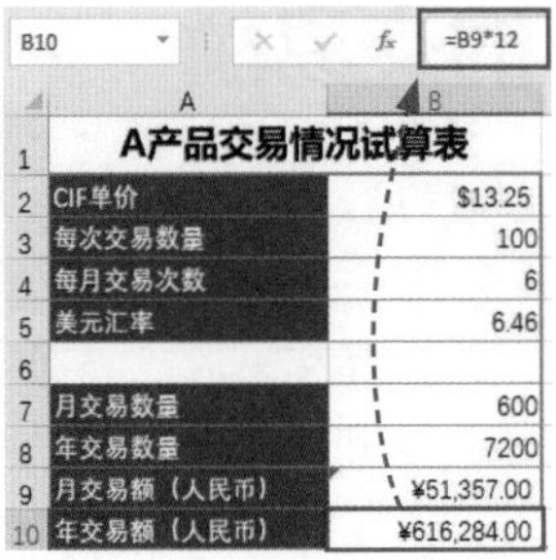

在D3:D10单元格区域中输入可能的美元汇率，然后在E2单元格中输入公式"=B9"，如图8-7所示。

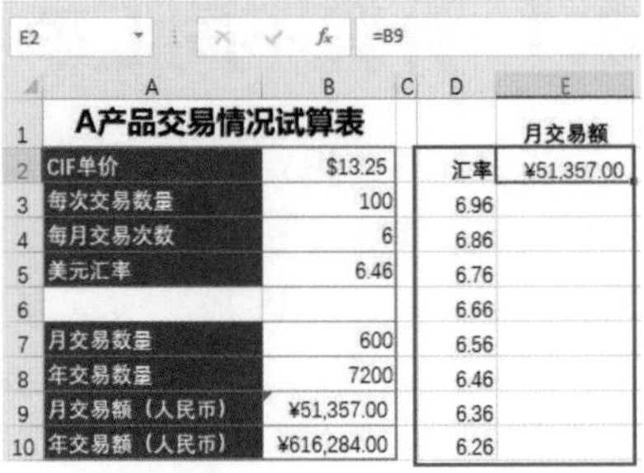

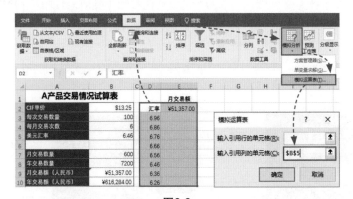

图8-6

图8-7

选择D2:E10单元格区域，在"数据"选项卡中单击"模拟分析"下拉按钮，从列表中选择"模拟运算表"选项，打开"模拟运算表"对话框，在"输入引用列的单元格"文本框中输入"$B$5",单击"确定"按钮，如图8-8所示。

图8-8

注意事项 使用模拟运算表计算的数据是存放在数组中的，计算结果的单个或部分数据无法删除，要想删除数据表中的数据，只能选择所有数据后按【Delete】键。

此时，即可计算出不同汇率下的月交易额，如图8-9所示。

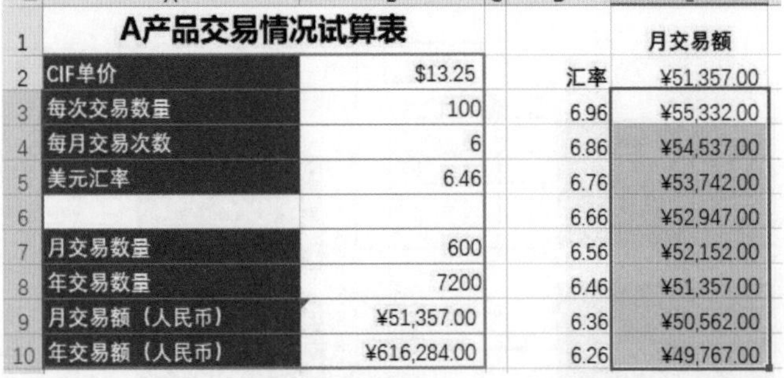

	A	B	C	D	E
1	**A产品交易情况试算表**				月交易额
2	CIF单价	$13.25		汇率	¥51,357.00
3	每次交易数量	100		6.96	¥55,332.00
4	每月交易次数	6		6.86	¥54,537.00
5	美元汇率	6.46		6.76	¥53,742.00
6				6.66	¥52,947.00
7	月交易数量	600		6.56	¥52,152.00
8	年交易数量	7200		6.46	¥51,357.00
9	月交易额（人民币）	¥51,357.00		6.36	¥50,562.00
10	年交易额（人民币）	¥616,284.00		6.26	¥49,767.00

图8-9

8.1.2 双变量模拟运算

在其他因素不变的条件下分析两个参数的变化对目标值的影响时,需要使用双变量模拟运算表。例如,分析美元汇率和CIF单价同时变化对交易额的影响。

在B12:G12单元格区域中输入不同的单价,在A13:A20单元格区域中输入可能的美元汇率,然后在A12单元格中输入公式"=B9",如图8-10所示。

选择A12:G20单元格区域,在"数据"选项卡中单击"模拟分析"下拉按钮,从列表中选择"模拟运算表"选项,打开"模拟运算表"对话框,在"输入引用行的单元格"文本框中输入"$B$2",在"输入引用列的单元格"文本框中输入"$B$5",单击"确定"按钮,如图8-11所示。

此时,即可计算出不同汇率和单价下的月交易额,如图8-12所示。

此外,如果将A12单元格中的公式更改为"=B10",即可计算出年交易额,如图8-13所示。

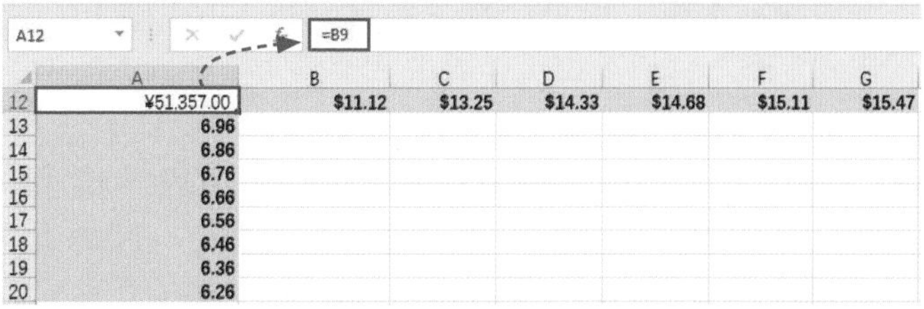

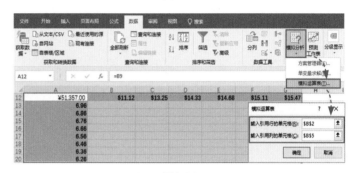

图8-10

图8-11

图8-12

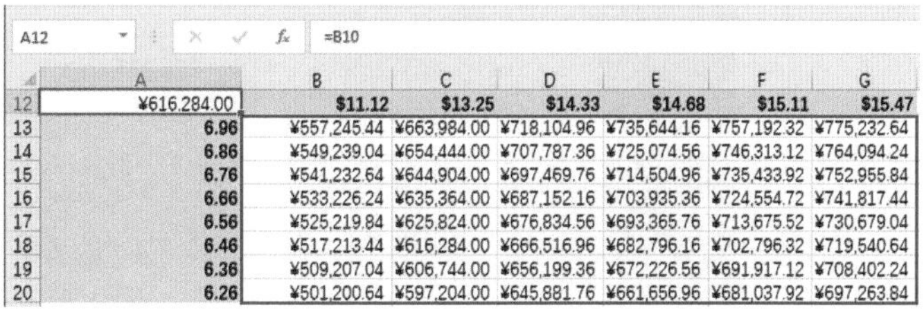

图8-13

8.2 计算产品分配花费的最小总运费

"规划求解"也可以称为假设分析工具，使用"规划求解"可以求出工作表中某个单元格中公式的最佳值。例如，某公司有3个工厂：工厂A、工厂B和工厂C，生产的产品运到5个仓库，3个工厂的生产能力为工厂A:350，工厂B:280,工厂C:300；每个仓库的需求量为仓库1:200，仓库2:100，仓库3:250，仓库4:150，仓库5:180。从工厂运到各仓库的运费，如图8-14所示。现在需要计算该公司如何分配产品所花费的总运费最小。

> **经验之谈**
>
> 在Excel中，一个规划求解问题由3个部分组成：可变单元格、目标函数和约束条件。

运费	仓库1	仓库2	仓库3	仓库4	仓库5
工厂A	9	10	8	7	3
工厂B	7	6	2	6	2
工厂C	5	4	3	5	6

图8-14

8.2.1 加载规划求解

在Excel中，"规划求解"功能并不是必选的组件，因此使用"规划求解"功能计算产品分配花费的最小总运费之前，需要先将其加载出来。

单击"文件"按钮，在弹出的界面中选择"选项"选项，如图8-15所示。打开"Excel选项"对话框，选择"自定义功能区"选项，在"自定义功能区"列表框中勾选"开发工具"复选框，如图8-16所示。单击"确定"按钮，调出"开发工具"选项卡。

图8-15

图8-16

打开"开发工具"选项卡，单击"加载项"选项组的"Excel加载项"按钮，如图8-17所示。打开"加载项"对话框，在"可用加载宏"列表框中勾选"规划求解加载项"复选框，单击"确定"按钮，如图8-18所示，即可将"规划求解"功能加载出来。

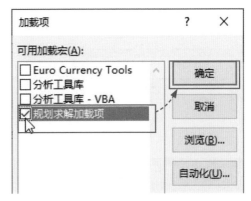

| 图8-17 | 图8-18 |

用户在"数据"选项卡的"分析"选项组中可以找到"规划求解"功能，如图8-19所示。

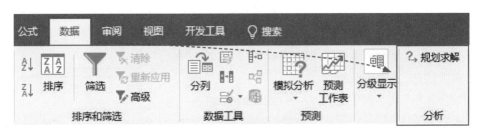

图8-19

8.2.2 建立规划求解模型

加载出"规划求解"功能后，需要建立规划求解模型。首先根据前面的问题制作一个表格框架，如图8-20所示。

接着选择H9单元格，输入公式"=SUM(C9:G9)"，按【Enter】键确认，并将公式向下填充至H11单元格，如图8-21所示，计算工厂提供产品的总数量。

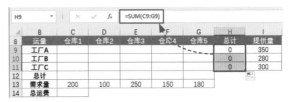

| 图8-20 | 图8-21 |

选择C12单元格，输入公式"=SUM(C9:C11)"，按【Enter】键确认，并将公式向右填充至G12单元格，如图8-22所示，计算各仓库的总需求量。

选择C14单元格，输入公式"=SUMPRODUCT(C3:G5,C9:G11)"，按【Enter】键确认，计算总运费，如图8-23所示。

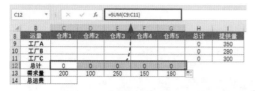

图8-22

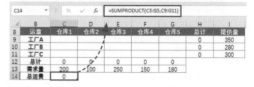

图8-23

8.2.3 使用规划求解

建立最小总运费规划求解模型后，用户需要使用"规划求解"功能来解决该问题。在"数据"选项卡中单击"分析"选项组的"规划求解"按钮，打开"规划求解参数"对话框，在"设置目标"文本框中输入"$C$14"，并选择"最小值"单选按钮，在"通过更改可变单元格"文本框中输入"$C$9:$G$11"，然后设置"遵守约束"条件，最后将"选择求解方法"设置为"单纯线性规划"，单击"求解"按钮，如图8-24所示。

图8-24

弹出"规划求解结果"对话框，直接单击"确定"按钮，即可得到最优解，如图8-25所示。

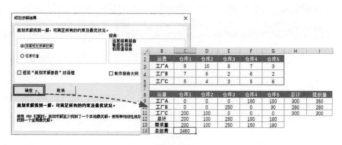

图8-25

经验之谈

如果用户想要生成运算结果报告，则在"规划求解结果"对话框中选择"报告"选项下的"运算结果报告"选项即可。

8.3 分析工具库的安装和使用

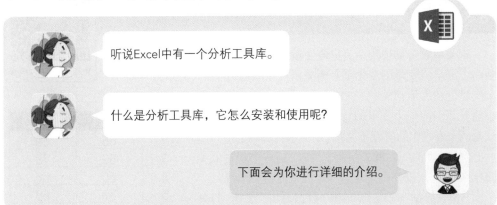

8.3.1 分析工具库简介

Excel的分析工具库是一个外部宏模块,可以为用户提供一些高级统计函数和实用的数据分析工具。利用数据分析工具库可以构造反映数据分布的直方图;可以从数据集合中随机抽样,获得样本的统计测度;可以进行时间数列分析和回归分析;可以对数据进行傅利叶变换和其他变换等。

8.3.2 安装分析工具库

Excel中的分析工具库是以插件的形式加载的,因此在使用分析工具库之前,用户需要先安装该插件。

在"开发工具"选项卡中单击"Excel加载项"按钮,打开"加载项"对话框,从中勾选"分析工具库"复选框,单击"确定"按钮,即可完成"分析工具库"插件的安装,用户在"数据"选项卡的"分析"选项组中即可找到该插件,如图8-26所示。

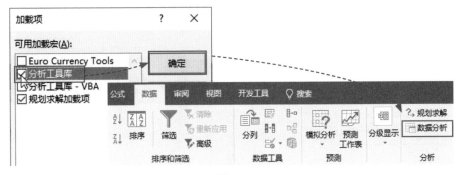

图8-26

8.3.3 相关系数

相关系数是描述两个测量值变量之间的离散程度的指标，用于判断两个测量值变量的变化是否相关，即一个变量的较大值是否与另一个变量的较大值相关联（正相关），或者一个变量的较小值是否与另一个变量的较大值相关联（负相关）；再或是两个变量中的值互不关联（相关系数近似于零）。

例如，观测同一现象的两个因素，其样本观测值如图8-27所示，现在需要确定这两个因素的相关系数。

打开"数据"选项卡，单击"数据分析"按钮，打开"数据分析"对话框，在"分析工具"列表框中选择"相关系数"选项，单击"确定"按钮，如图8-28所示。

⏴ A	B	C
1	因素1	因素2
2	65	69
3	62	78
4	60	56
5	53	68
6	73	74
7	65	60
8	78	63

图8-27

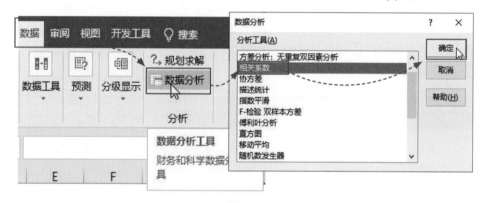

图8-28

打开"相关系数"对话框，在"输入区域"文本框中输入"$B$1:$C$8"，勾选"标志位于第一行"复选框，在"输出选项"区域选中"输出区域"单选按钮，并将其设置为"$E$1"，单击"确定"按钮，如图8-29所示，即可得到因素1和因素2的相关系数，如图8-30所示。

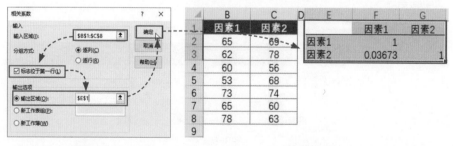

图8-29   图8-30

8.3.4 描述统计

描述统计的任务是描述随机变量的统计规律性。要完整地描述随机变量的统计特性需要使用分布函数。随机变量的常用统计量有平均值、标准误差、标准偏差、方差、最大值、最小值、中值、众数等。其中,平均值描述了随机变量的集中程度,而方差描述了随机变量相对于平均值的离散程度。

例如,如图8-31所示,给出了某个班级的3门课程的考试成绩,现在需要根据这些成绩计算出平均值、方差、标准差等统计量。

打开"数据"选项卡,单击"数据分析"按钮,打开"数据分析"对话框,选择"描述统计"选项,单击"确定"按钮,如图8-32所示。

打开"描述统计"对话框,在"输入区域"文本框中输入"$B$1:$D$20",勾选"标志位于第一行"复选框,选中"输出区域"单选按钮,并输入"$F$1",勾选"汇总统计"和"平均数置信度"复选框,单击"确定"按钮,如图8-33所示,即可计算出平均值、标准误差、中位数、众数等,如图8-34所示。

	A	B	C	D
1	姓名	初级会计电算化	会计基础	财经法规
2	刘佳	90	68	90
3	赵曦	71	74	84
4	王晓	81	69	60
5	李梅	87	84	78
6	孙可	93	88	76
7	周丽	85	82	88
8	韩琦	99	90	90
9	李琦	83	81	95
10	王瑞	91	92	70
11	李婉	75	82	90
12	孙杨	66	88	68
13	周福	72	77	74
14	吴乐	88	73	79
15	王艳	86	79	92
16	李萍	69	63	96
17	徐泽	76	70	81
18	刘爱	68	60	73
19	曹兴	87	88	66
20	陈毅	78	78	95

图8-31

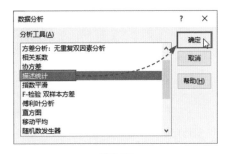

图8-32

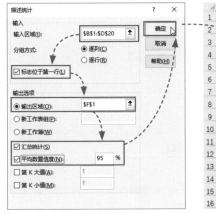

图8-33

	F	G	H	I	J	K
1	初级会计电算化		会计基础		财经法规	
2						
3	平均	81.31578947	平均	78.21052632	平均	81.31579
4	标准误差	2.164374809	标准误差	2.131055455	标准误差	2.50386
5	中位数	83	中位数	79	中位数	81
6	众数	87	众数	88	众数	90
7	标准差	9.434291068	标准差	9.289055372	标准差	10.91407
8	方差	89.00584795	方差	86.28654971	方差	119.117
9	峰度	-0.962402012	峰度	-0.740248772	峰度	-1.02082
10	偏度	-0.048387801	偏度	-0.369914818	偏度	-0.30853
11	区域	33	区域	32	区域	36
12	最小值	66	最小值	60	最小值	60
13	最大值	99	最大值	92	最大值	96
14	求和	1545	求和	1486	求和	1545
15	观测数	19	观测数	19	观测数	19
16	置信度(95.0%)	4.547182739	置信度(95.0%)	4.477181375	置信度(95.0%)	5.260414

图8-34

注意事项 描述统计分析工具的输出量仅由数值构成,用户只能在确定数据不发生变化时对数据区域进行描述统计分析,否则用户需要重新执行该操作步骤。

8.3.5 直方图

"直方图"分析工具计算数据单元格区域和数据接收区间的单个和累积频率。该工具可以用于统计数据集中某个数值出现的次数。

例如，图8-35是某公司员工的考核成绩，现在需要使用直方图分析成绩分布情况。

在"数据"选项卡中单击"数据分析"按钮，打开"数据分析"对话框，从中选择"直方图"选项，单击"确定"按钮，如图8-36所示。

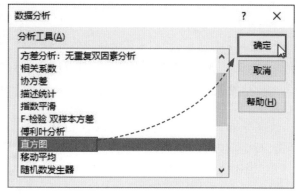

图8-35

图8-36

打开"直方图"对话框，将"输入区域"设置为"$B$1:$B$16"，将"接收区域"设置为"$C$1:$C$6"，勾选"标志"复选框，选择"输出区域"，并设置为"$E$1"，勾选"图表输出"复选框，单击"确定"按钮，如图8-37所示。

此时，得到使用直方图工具分析的结果，如图8-38所示。其中，1分出现的次数为0，2分出现的次数为3，3分出现的次数为4，4分出现的次数为3，5分出现的次数为5。

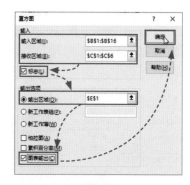

图8-37

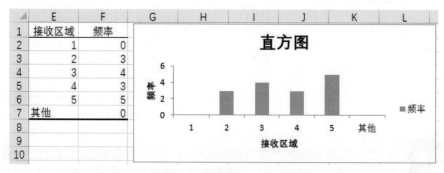

图8-38

▶扫一扫　看视频◀

拓展练习：使用移动平均预测销售额

	A	B
1	年份	销售额
2	2001	100
3	2002	105
4	2003	110
5	2004	102
6	2005	120
7	2006	150
8	2007	201
9	2008	180
10	2009	320
11	2010	350
12	2011	400
13	2012	410
14	2013	130
15	2014	480
16	2015	500
17	2016	360
18	2017	580
19	2018	520
20	2019	620
21	2020	700

图8-39

"移动平均"分析工具是基于特定的过去某段时期中变量的平均值对未来值进行预测，以反映长期趋势。用户可以使用此工具预测销售额。例如，某商场2001~2020年的年销售额统计数据如图8-39所示，试预测2021年该商场的年销售额。

Step 01 打开"数据"选项卡，单击"数据分析"按钮，打开"数据分析"对话框，选择"移动平均"选项，单击"确定"按钮，如图8-40所示。

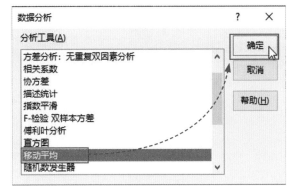

图8-40

Step 02 打开"移动平均"对话框，从中进行相关设置，单击"确定"按钮，如图8-41所示。

Step 03 得到按5年进行一次移动平均的计算结果以及实际值和一次移动平均曲线图，如图8-42所示。

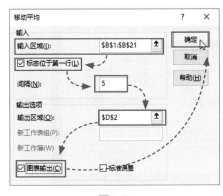

图8-41

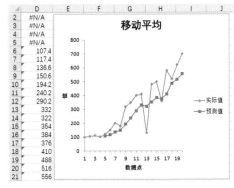

图8-42

知识地图

数据统计分析一般采用专业的统计软件来完成。其实,我们可以用Excel自带的简单易用的分析工具来实现分析任务。下面着重对分析工具库进行梳理,希望能够加深读者的印象,提高学习效率。

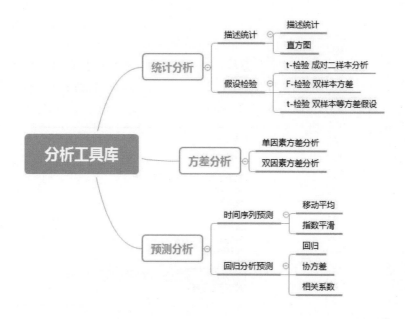

第 9 章

快速入门宏与
VBA 看过来

Excel里的VBA是Visual Basic的一种宏语言，它能够简化Excel的重复操作，高效自如地处理数据，帮助我们从烦琐的数据中解脱出来。下面将带领大家熟悉宏与VBA的基础操作以及窗体和控件的应用。

9.1 VBA的开发环境和基本编程步骤

Excel VBA其实并没有大家想象得那么复杂,它是针对Excel中的工作簿、工作表以及单元格等对象所编写的代码,通过这些代码命令实现自动化操作的目的。即使没有编程经验,往往也能够通过简单的学习快速掌握其要领。

9.1.1 启动 VBA 编辑器

VBA是Visual Basic for Applications的缩写,是内嵌于Office软件中的一个开发模块,这个模块提供程序自主开发,语言基础和VB(Visual Basic)相似。Excel VBA最核心的开发工具是VBA编辑器,代码的编写、调试、测试、运行、组织等都是在VBA编辑器中进行的。其窗口需要依靠所支持的应用程序才能打开,例如在Office的Word、Excel等组件中打开。

在Excel中若要打开VBA编辑器,可以使用快捷键【Alt+F11】,或在"开发工具"选项卡中单击"Visual Basic"按钮进行操作,如图9-1所示。

图9-1

> **经验之谈**
>
> 默认情况下Excel功能区中并不显示"开发工具"选项卡,用户需要通过"自定义功能区"添加该选项卡。

具体操作方法:单击"文件"按钮,进入"文件"菜单,选择"选项"选项,打开"Excel选项"对话框,在"自定义功能区"界面中勾选"开发工具"复选框,最后单击"确定"按钮即可,如图9-2所示。

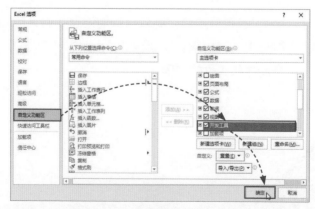

图9-2

9.1.2　熟悉 VBA 工作环境

在正式学习Excel VBA编程之前,熟悉VBA编辑器的界面以及组成结构是十分必要的。

在Excel中按【Alt+F11】组合键,进入VBA环境。除了"标题栏""菜单栏""工具栏",默认情况下编辑器中只包含一个"工程"窗口,用户可根据需要向编辑器中添加其他窗口。单击"视图"按钮,在展开的菜单中选择需要添加的窗口选项即可,如图9-3所示。

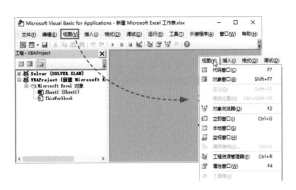

图9-3

为了让后面的学习更顺利,下面将对VBA编辑器中的固定区域以及常用模块进行解释说明,如图9-4所示。

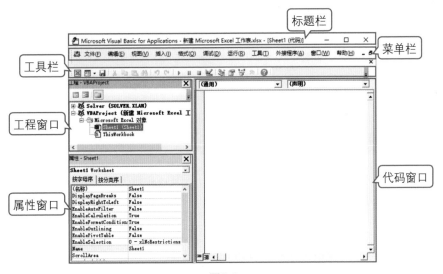

图9-4

- "标题栏"用于显示当前的编辑环境以及工作簿的名称。
- "菜单栏"中包含了11个菜单项,每个菜单中都包含一组命令,使用这些命令几乎可以实现所有的功能操作。
- "工具栏"中包含了常用编辑工具的快捷方式,例如保存、复制、粘贴、撤销、运行、中断、查找等。
- "工程窗口"也称为"工程资源管理器",其中显示了工程的一个分层结构列表,所有包含的工程以及被每一个工程引用的全部工程。

- "属性窗口"中列出了选取对象的属性,用户可以在设计时改变这些属性。当选取了多个控件时,属性窗口会列出所有控件都具有的属性。
- "代码窗口"主要用于编写、显示以及编辑VBA代码。打开各模块的代码窗口后,可以查看不同窗体或模块中的代码,并且可以在它们之间做复制、粘贴操作。

9.1.3 编写 VBA 程序

了解了VBA的概念及开发环境后,可以编写一些简单的程序解决日常工作中的实际问题。

删除工作表中的空行是十分常见的操作,而且有很多种操作方法,下面将使用VBA功能批量删除指定区域中的所有空行。

按【Alt+F11】组合键打开VBA编辑器,在"工程"窗口中双击需要应用代码的工作表名称,打开该工作表的代码窗口。随后在代码窗口中输入相应的程序,程序输入完成后,在工具栏中单击"▶"按钮,或按【F5】键可运行程序,如图9-5所示。

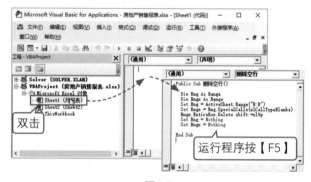

图9-5

在这段代码中采用先定位关键字段列中的空白单元格,然后删除空白单元格所在行的方法实现快速删除空行,这里的关键字段是B列。

注意事项 若执行运行程序的操作时弹出"宏"对话框,单击"运行"按钮即可正常运行,如图9-6所示。

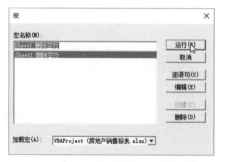

图9-6

9.1.4 使用控件执行 VBA 程序

对于一些频繁使用的程序可创建相应的控件来快速运行。例如,使用"命令按钮"快速删除当前行。

▶扫一扫 看视频◀

（1）插入控件并添加代码

打开"开发工具"选项卡，在"控件"组中单击"插入"下拉按钮，在展开的列表中选择"命令按钮（ActiveX控件）"选项，如图9-7所示。

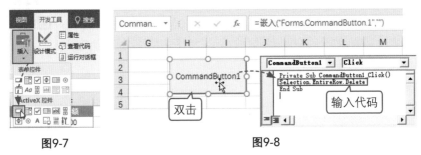

图9-7　　　　　　　　　　　　　　　　　　图9-8

在工作表中绘制出控件，随后在该控件上方双击，自动打开VBA编辑器，在代码窗口中已经显示出了开始以及结束语句，用户只需补充完整的程序代码，并按【F5】键运行程序，如图9-8所示。代码设置完成后，在工作表中单击控件按钮即可删除当前行。若同时选中多行，也可同时删除多行。

（2）编辑控件

运行程序后，控件无法被选中所以无法对其外观及属性进行设置，若要编辑控件以及设置控件属性，需要启动"设计模式"。

在"开发工具"选项卡中的"控件"组内单击"设计模式"按钮，当该按钮呈现选中状态时即进入了控件设计模式。在该模式下单击控件可将控件选中，随后可对控件的大小及位置进行调整，如图9-9所示。

保持控件为选中状态，单击"控件"组中的"属性"按钮，可打开"属性"对话框。通过设置BackColor及Caption属性，可修改控件的颜色和标签名称，如图9-10、图9-11所示。

控件编辑完成后再次单击"设计模式"按钮，取消该按钮的选中状态，即可退出设计模式。

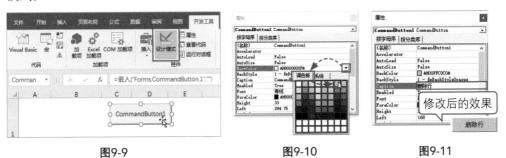

图9-9　　　　　　　　　　图9-10　　　　　　　　　　图9-11

9.2 录制宏自动设置数据格式

即使是精通应用程序开发的高手，也很难保证对所有的编程语法都了然于心。所以在实际的操作过程中，很多代码都可以通过录制宏而获得。录制宏也是学习Excel VBA的优先途径。

9.2.1 录制宏并执行宏

宏好比是一个超级智能的记录仪，用它可以录制下执行过的操作，并且根据录制的结果反复执行相同的操作。接下来将录制宏，执行突出显示包含公式的单元格的操作。

（1）录制宏

打开"开发工具"选项卡，在"代码"组中单击"录制宏"按钮。系统随即弹出"录制宏"

对话框，设置好"宏名""快捷键""说明"等内容，随后单击"确定"按钮，进入宏录制模式，如图9-12所示。

接下来自动定位工作表中包含公式的单元格，并将其字体设置成红色。按【Ctrl+G】组合键，打开"定位"对话框，单击"定位条件"按钮，如图9-13所示。弹出"定位条件"对话框，选中"公式"单选按钮，最后单击"确定"按钮，关闭对话框，如图9-14所示。

工作表中包含公式的单元格此时会自动被选中，用户可将选中区域内的数据的字体颜色设置成红色。接着在"开发工具"选项卡的"代码"组中单击"停止录制"按钮，结束宏的录制，如图9-15所示。

（2）执行宏

切换到工作簿中的其他工作表内，在"开发工具"选项卡中的"代码"组内单击"宏"按钮，打开"宏"对话框，单击"执行"按钮，当前工作表中包含公式的单元格内的字体会立即被设置成红色，如图9-16所示。

图9-12　　　　　　　图9-13

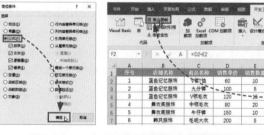

图9-14　　　　　　　图9-15

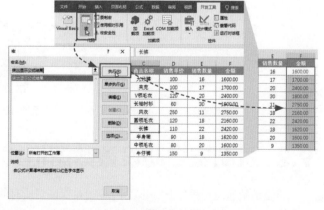

图9-16

经验之谈

因为在录制宏的时候为宏指定了快捷键，所以在执行宏的时候也可直接按相应快捷键执行。

9.2.2　查看和编辑宏

录制的宏代码经过编辑加工便可成为应用程序的一部分或可以调用的子程序。查看和编辑宏的方法如下。

在"开发工具"选项卡中的"代码"组内单击"宏"按钮，或直接按【Alt+F8】组合键打开"宏"对话框，选中需要编辑的宏名称，单击"编辑"按钮，如图9-17所示。

系统随即打开VBA编辑器，在代码窗口中可查看详细的宏代码并对这些代码进行编辑，如图9-18所示。

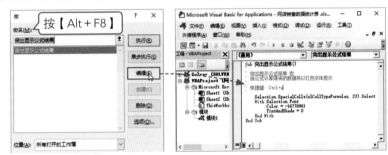

图9-17　　　　　　　　图9-18

9.2.3　保存宏工作簿

在保存包含VBA程序或宏的工作簿时系统会弹出一个对话框，提示无法在未启用宏的工作簿中保存VB项目。若要想让该工作簿中的VBA程序或宏一直保持可用的状态，需要在该对话框中单击"否"按钮，如图9-19所示。

在随后弹出的"另存为"对话框中设置文件的"保存类型"为"Excel启用宏的工作簿（*.xlsm）"，最后执行"保存"命令即可，如图9-20所示。

图9-19　　　　　　　　图9-20

9.3 制作入库登记窗体

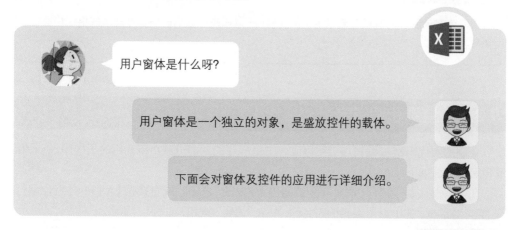

> 用户窗体是什么呀?

> 用户窗体是一个独立的对象,是盛放控件的载体。

> 下面会对窗体及控件的应用进行详细介绍。

9.3.1 创建入库登记窗体

▶扫一扫 看视频◀

制作入库登记窗体的前提是创建空白窗体,然后修改窗体的名称,设置窗体外观等。

(1)创建窗体

创建窗体的方法其实很简单,按【Alt+F11】组合键,打开VBA编辑器,在菜单栏中单击"插入"按钮,在展开的菜单中选择"用户窗体"选项,如图9-21所示。窗口中随即被插入一个用户窗体,窗体默认名称为UserForm1,如图9-22所示。

图9-21

图9-22

(2)设置窗体属性

窗体属性的设置包括标签名称、字体、颜色、背景等内容的设置,下面介绍具体操作方法。

选中窗体,在属性窗格中找到Caption,将"UserForm1"修改成"入库登记",设置窗体的标签名称。接着找到Picture,单击其右侧的"⋯"按钮,在弹出的对话框中选择一张图片,将这张图片设置成窗体的背景。随后设置PictureAlignment以及PictureSizeMode属性,指定背景图片在窗体中显示的位置和大小，如图9-23所示。窗体设置效果如图9-24所示。

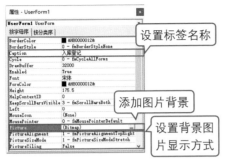

图9-23

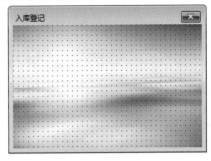

图9-24

9.3.2 在窗体中添加控件

控件工具箱中包含了标签、文本框、命令按钮、复选框、选项按钮等控件，这些控件需要窗体作为载体才能被插入。下面介绍如何在窗体中添加控件以及如何编辑控件。

（1）添加控件

在控件工具箱中点击"标签"按钮，将光标移动到窗体上方，按住鼠标左键，拖动鼠标即可绘制标签控件，如图9-25所示。随后继续向窗体中添加相应数量的文本框控件以及按钮控件，并调整好控件的大小和位置，如图9-26所示。

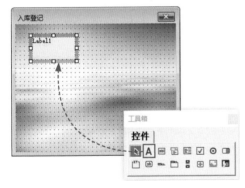

图9-25

图9-26

 注意事项 一般情况下，插入窗体后会自动显示控件工具箱，若关闭了工具箱，可通过"视图"菜单中的"工具箱"选项将其打开。

（2）设置控件属性

控件添加完成后，通过设置属性可改变标签的外观以及标签名称。选中左上角的标签控件，在"属性"窗格中设置Backstyle、Caption以及Font参数，如图9-27所示。将所选标签背景设置成透明，标签名称修改为"产品名称"，字体字号为"黑体、小四"，如图9-28所示。

最后参照上述方法设置其他控件的属性，最终效果如图9-29所示。

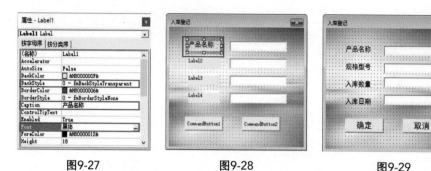

图9-27   图9-28   图9-29

9.3.3 为窗体设置初始化程序

窗体框架制作完成后还需要对其中的两个命令按钮设置Click事件，这样才能完成窗体与工作表之间的数据交换。

双击窗体打开代码窗口，输入代码，如图9-30所示。随后插入一个模块，录入启用窗体的代码，如图9-31所示。

图9-30   图9-31

最后运行代码，工作表中即可显示出"入库登记"窗体，在窗体中的四个文本框中输入内容，单击"确定"按钮，即可将这些内容录入单元格中，如图9-32所示。

图9-32

拓展练习：制作密码登录窗体

▶扫一扫 看视频◀　　▶扫一扫 看视频◀

为了提高工作簿的安全性，可以在工作簿中设置一个密码登录窗体，这样在打开工作簿时需要输入正确的用户名和密码才能进入工作簿。

（1）设计窗体

首先创建密码登录窗体，根据需要，向窗体中添加相应的控件，并通过属性的设置对窗体和控件的外观进行调整。

Step 01 按【Alt+F11】组合键，打开VBA编辑器，在菜单栏中单击"插入"按钮，在展开的菜单中选择"用户窗体"选项，如图9-33所示。

Step 02 窗口中随即被插入一个窗体，如图9-34所示。

Step 03 通过控件工具箱中的按钮向窗体中插入2个标签控件、2个文本框控件以及2个命令按钮控件，调整好控件的大小和位置，如图9-35所示。

Step 04 单击窗体空白处，将窗体选中，对窗体属性做如图9-36所示设置。

图9-33

图9-34

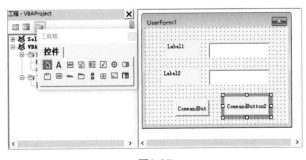

图9-35

图9-36

- 名称：chuangti；
- Caption：登录；
- Picture：单击其右侧"**…**"按钮，从弹出的对话框中选择一张用于设置窗体背景的图片；
- PictureAlignment：2-fmPiotureAlignmentCenter；
- PictureSizeMode：1-fmPiotureSireModeStretch。

Step 05 依次选中Label1和 Label2标签控件，分别在属性窗格中进行如图9-37、图9-38所示设置：

● BorderStyle: 0-fmBackStyle Transparent；

● Caption：账号（Label1控件）；Caption：密码（Lable2控件）；

● Font：微软雅黑、粗体、小四。

Step 06 依次设置2个文本框控件的名称属性，其中上方文本框的名称为"zhanghao"，下方文本框的名称为"mima"，在Password Char右侧输入"*"如图9-39、图9-40所示。

Step 07 分别设置2个命令按钮的属性，如图9-41、图9-42所示。

● 名称: denglu（左侧按钮），tuichu（右侧按钮）；

● Caption: 登录（左侧按钮），退出（右侧按钮）；

● Font: 微软雅黑、五号。

图9-37　　　　　　图9-38

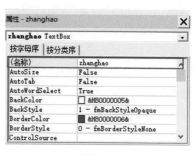

图9-39　　　　　　图9-40

> 经验之谈
>
> 设置文本框的"PasswordChar"属性为"*"，登录系统时，在密码框中输入的内容会以"*"显示。

Step 08 窗体和所有控件属性设置完成后的效果如图9-43所示。

图9-41　　　　　图9-42

图9-43

（2）定义用户名和密码

用户的登录"账号"和"密码"需要通过"定义名称"功能来定义。

Step 01　在工作表中打开"公式"选项卡，在"定义的名称"组中单击"定义名称"按钮，弹出"新建名称"对话框。在"名称"文本框中输入"账号"，在"引用位置"文本框中输入"德胜书坊"，设置完成后单击"确定"按钮，定义登录账号，如图9-44所示

Step 02　再次单击"定义名称"按钮，打开"新建名称"对话框，设置名称为"密码"，在"引用位置"文本框中输入"1234"，定义登录密码，如图9-45所示。

图9-44　　　　　　　　　　图9-45

（3）为窗体设置代码

最后需要为窗体中的控件添加相应的代码，以实现启动工作簿后使用密码登录的效果。

Step 01　打开VBA编辑器，在"工程"窗口中双击"ThisWorkbook"选项，在ThisWordbook代码窗口中输入下了代码：

```
Private Sub workbook_open()
   Application.Visible = False
   chuangti.Show
End Sub
```

经验之谈

该代码的作用是启动工作簿时隐藏程序界面，只显示登录窗体界面。

Step 02　在"工程"窗口中双击"窗体"选项，打开窗体。双击"登录"按钮，在弹出的代码窗口中输入下列代码：

```
Private Sub denglu_Click()
   Application.ScreenUpdating = False
   Static i As Integer
   If CStr(zhanghao.Value) = Right(Names("账号").RefersTo,
Len(Names("账号").RefersTo)-1) And CStr(mima.Value) = Right(Names
("密码").RefersTo, Len(Names("密码").RefersTo) - 1) Then
      Unload Me
      Application.Visible = True
   Else
      i = i+1
      If i = 3 Then
         MsgBox "对不起,你没有登录权限!", vbInformation, "提示"
             ThisWorkbook.Close savechanges:=False
```

```
    Else
        MsgBox "输入有误,你还有" & (3 - i) & "次输入机会。",
vbExclamation, "提示"
                        zhanghao.Value = ""
            mima.Value = ""
        End If
    End If
    Application.ScreenUpdating = True
End Sub
```

Step 03 继续在代码窗口中输入下列控制"退出"命令按钮的代码:

```
Private Sub tuichu _ Click()
    Unload Me
    ThisWorkbook.Close savechanges:=False
End Sub
```

Step 04 最后在代码窗口中输入下列禁止通过关闭按钮关闭窗体的代码:

```
Private Sub UserForm _ queryclose(cancel As Integer, closemode
As Integer)
            If closemode <> 1 Then cancel = 1
End Sub
```

Step 05 所有设置完成之后,在菜单栏中单击"保存"按钮,保存所有操作,最后关闭工作簿。再次启动该工作簿时会弹出"登录"窗体,输入正确的账号及密码,单击"登录"按钮才能打开工作簿。若单击"退出"按钮,会关闭登录对话框,工作簿无法被打开,如图9-46所示。
Step 06 若账号或密码错误,或为空白,单击"登录"按钮后会弹出一个提示对话框,根据本案例所编写的代码,最多只有3次尝试机会,如图9-47所示。一旦所有机会用完,会再次弹出一个提示对话框,显示没有登录权限,单击"确定"按钮,如图9-48所示,可退出登录。

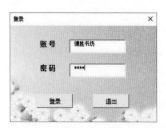

图9-46

图9-47

图9-48

知识地图

对于新手来说，由于未使用过VBA或者不具备计算机语言知识，可能会被那一串串代码所吓倒。其实VBA使用起来很简单，相信学会后，你会用起来得心应手的。下面对VBA与宏的基础知识进行梳理，希望能够加深读者的印象，提高学习效率。

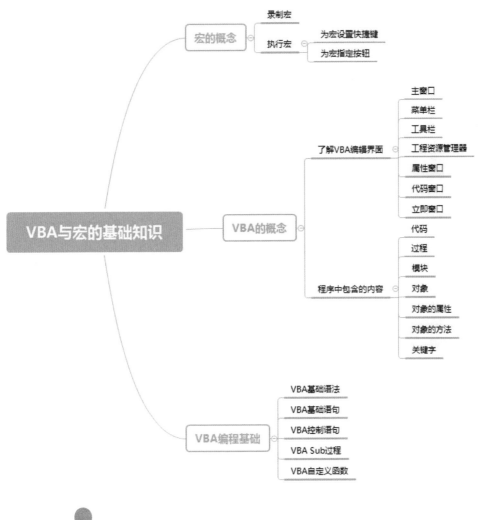

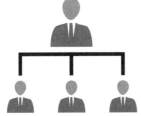

第10章

打印报表技巧多

　　很多人会忽视打印工作，以为只要报表内容制作准确，打印也就是分分钟的事，不值一提。其实不然，看起来打印工作好像没什么技术含量，但是如果你没掌握打印的门道，还真没办法得到理想的打印效果。

10.1 打印文件夹背脊标签

前文介绍过文件夹背脊标签的制作方法,下面以该文件为例简单介绍Excel页面布局的基本操作。

10.1.1 页面纸张大小和方向

在打印文件之前,先要确定打印纸张的大小和打印的方向,Excel默认纸张大小为A4,打印方向为纵向。想要对这些参数进行修改,可在"页面布局"选项卡中的"页面设置"选项组中进行设置即可,如图10-1所示。

图10-1

打开"背脊标签"文件,在"页面布局"选项卡中单击"纸张方向"下拉按钮,在列表中选择"横向"选项,然后单击"纸张大小"下拉按钮,在列表中选择"A5"选项,如图10-2所示。此外用户还可通过"页面设置"对话框进行设置操作,单击"页面设置"选项组右侧 按钮,在打开的"页面设置"对话框中设置好"方向"及"纸张大小"选项即可,如图10-3所示。

图10-2

图10-3

10.1.2 设置页面边距

页面边距指的是表格内容与纸张边框的距离,共分上、下、左、右4个方向。默认情况上、下两个边距值为1.9厘米;左、右两个边距值为1.8厘米。如果需要对这些数值进行调整,可在"页面布局"选项卡中单击"页边距"下拉按钮,在列表中选择"自定义页边距"选项,在打开的对话框中进行设置即可,如图10-4所示。这里将当前文件的页边距保持为默认。

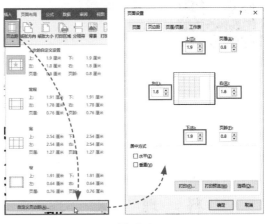

图10-4

经验之谈

　　用户还可以手动调整页面边距。在"文件"列表中单击"打印"选项,在"打印"界面中单击预览窗口下方的"显示边距"按钮,此时预览页面中会显示出页边距线和页脚线,如图10-5所示。将光标移动到任意一条边距线上,拖动该边距线即可,如图10-6所示。

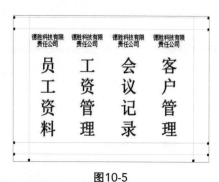

图10-5

图10-6

10.1.3 页面居中打印

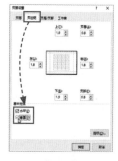

　　默认情况下,报表会以左对齐的方式显示,为了使打印出来的报表更加美观,用户可以将报表设置为居中打印。打开"页面设置"对话框,切换到"页边距"选项卡,同时勾选"水平"和"垂直"两个复选框即可,如图10-7所示。

图10-7

10.1.4 页面缩放打印

　　通过以上操作后,发现原"背脊标签"文件被分成了上、下两页来显示,如图10-8所示,这样明显不合适。

第1页

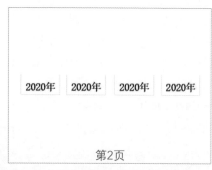

第2页

图10-8

这种情况是由于页面内容过多，无法全部显示，系统只好将多余的内容安排至第2页。这也是很多新手用户最容易忽视的问题。当遇到这种情况时，只需利用"缩放打印"功能即可解决。

在"文件"列表中选择"打印"选项，在"打印"界面中单击"无

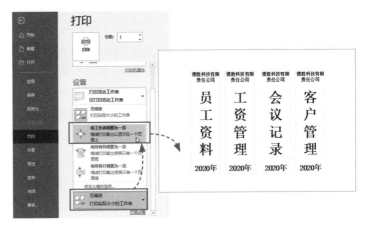

图10-9

缩放"下拉按钮，在其列表中选择"将工作表调整为一页"选项，如图10-9所示。

设置完成后，在"打印"页面中选择好打印机的型号以及打印的份数，然后单击"打印"按钮，即可完成文件背脊标签的打印操作。

10.2 打印疫情期访客登记表

上一节是对打印前的页面设置进行讲解。下面将以"访客登记表"为例来介绍Excel打印的具体操作，例如添加公司信息、显示打印日期和页码、重复打印标题行、分页打印等。

10.2.1 为登记表添加页眉页脚

如果想要在报表中显示一些特殊的信息，例如公司名称、页码、日期等，均可在页眉或页脚处体现出来。

打开"访客登记表"文件，并打开"页面设置"对话框，切换到"页眉/页脚"选项卡，单击"自定义页眉"按钮，打开"页眉"对话框，在此选择好页眉显示位置，例如选择"左部"，然后输入公司名称，如图10-10所示。

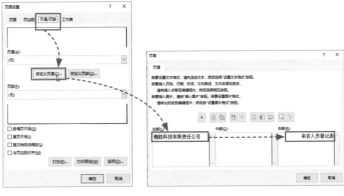

图10-10

> **经验之谈**
>
> 　　在"页眉/页脚"选项卡中,单击"页眉"下拉按钮,在打开的列表中,用户可以选择系统内置的一些页眉内容。如果想要删除页眉,只需在其列表中选择"(无)"选项即可。

　　输入完成后,单击"确定"按钮返回到上一层对话框,单击"自定义页脚"按钮,在"页脚"对话框中选择好显示位置,单击"插入页码 ▢"和"插入日期 ▢"按钮,分别插入页码和日期代码,如图10-11所示。

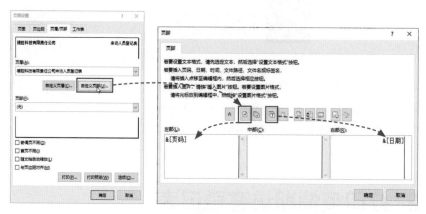

图10-11

　　单击"确定"按钮,返回到上一层对话框,单击"打印预览"按钮,即可显示出预览效果,如图10-12所示。

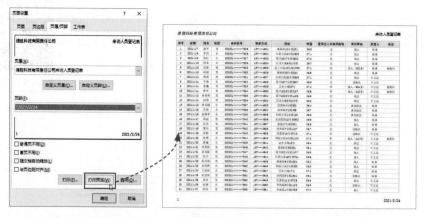

图10-12

　　除了在页眉或页脚中显示页码、日期等内容外,还可以在"页眉"或"页脚"对话框中通过相应的按钮来添加其他信息内容,例如插入时间信息、插入文件夹路径信息、插入文件名、插入工作表名称、插入Logo图片,如图10-13所示。

　　此外，在该对话框中用户还可以对输入的文字内容进行文本格式的设置。选中输入的文字，单击"格式文本"按钮，在打开的"字体"对话框中进行文字格式的设置操作，如图10-14所示。

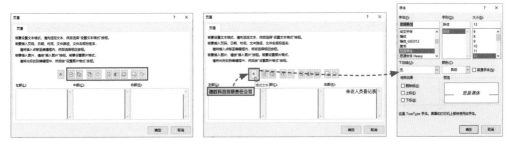

图10-13　　　　　　　　　　　　　　　　图10-14

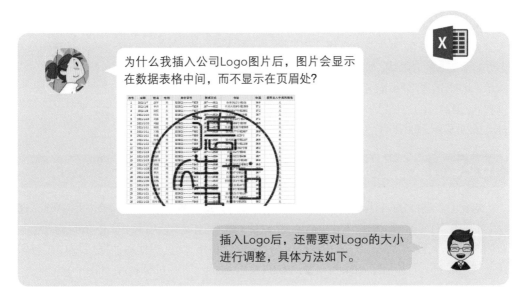

　　返回到"页眉"对话框，单击"设置图片格式"按钮，在打开的对话框中调小"高度"和"宽度"数值，单击"确定"按钮，返回到"页面设置"对话框，当页眉处显示出Logo图片后即可完成操作，如图10-15所示。

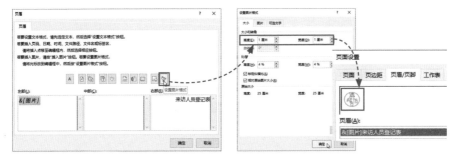

10-15

10.2.2　分页打印登记表

由于当前这张登记表的内容比较多,此时系统会在第32行下方显示虚线,该虚线则为分页符,在分页符下方的数据内容将会在第2页显示。当然分页符的位置是可调整的,例如,将分页符调整至22行下方位置,可通过以下方法来操作。

选中登记表中A23单元格,在"页面布局"选项卡中单击"分隔符"下拉按钮,从列表中选择"插入分页符"选项,随即在该单元格上方显示实心的分隔线,如图10-16所示。此时,在打印预览区域中可以看到,第22行的数据已被强制安排至第2页显示,如图10-17所示。

图10-16

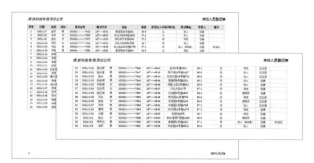

图10-17

10.2.3　重复显示标题行

对登记表进行分页打印后,为了方便查看数据,可为每页都添加标题行。在"页面布局"选项卡中单击"打印标题"按钮,在"页面设置"对话框的"工作表"选项卡中单击"顶端标题行"右侧的折叠按钮。然后在工作表中选择标题行,如图10-18所示。返回对话框后,单击"打印预览"按钮,进入打印预览界面,可以看到第2页顶部也加上了相应的标题行,如图10-19所示。

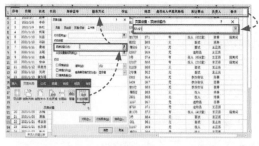

图10-18

图10-19

10.2.4　设置黑白打印

默认情况下打印预览中的数据表是彩色显示的,用户可以根据需要将其设为黑白显示,如图10-20所示。

打开"页面设置"对话框,切换到"工作表"选项卡,勾选"单色打印"复选框即可,如图10-21所示。

取消勾选"单色打印"复选框,即可恢复彩色显示。

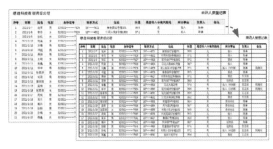

图10-20   图10-21

10.2.5　仅打印指定数据

默认情况下Excel会打印出表格所有内容,如果只需打印表格中指定的数据范围的话,则可调整一下打印区域即可。例如,只打印登记表中1月10日之前的数据信息,可通过以下方法进行操作,如图10-22所示。

图10-22

在登记表中选择A1:L11单元格区域,在"页面布局"选项卡中单击"打印区域"下拉按钮,从列表中选择"设置打印区域"选项,即可将该区域设为打印区域,如图10-23所示。

如果想要取消设置的打印区域,只需在"打印区域"下拉列表中选择"取消打印区域"选项即可。

图10-23

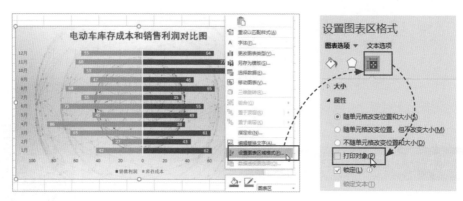

　　当报表中包含图表时，图表也会被一起打印。如果不想打印图表的话，可以通过设置图表属性，让图表不被打印即可。具体操作方法为：右击图表，在打开的快捷列表中选择"设置图表区域格式"选项，在打开的设置窗格中取消勾选"打印对象"复选框即可，如图10-24所示。

图10-24

拓展练习：制作并打印员工薪资条

▶扫一扫　看视频◀

　　工资条是单位发工资时交给员工的工资项目清单。通常工资条上只会有某个员工的相关信息，如图10-25所示。那么像这类报表该如何制作呢？下面将以制作员工薪资条为例介绍具体的制作方法。

Step 01 打开"员工薪资表"素材文件。新建一张空白的工作表，并将其命名为"工资条"，选择"薪酬表"工作表，选择A1: J1单元格区域，使用【Ctrl+C】组合键进行复制，如图10-26所示。

图10-25　　　　　　　　　　图10-26

Step 02　切换到"工资条"工作表，选中A1单元格，按【Ctrl+V】组合键进行粘贴，调整好各列的列宽，如图10-27所示。

Step 03　在"工资条"工作表中选择A2单元格，按【Ctrl+1】组合键，打开"设置单元格格式"对话框，将文本类型设为"000#"，如图10-28所示。

图10-27

Step 04　在A2单元格中输入"0001"文本。选中B2单元格，输入公式"=VLOOKUP($A2,薪酬表!$A:$J,COLUMN(),0)"，按回车键，完成该单元格内容的输入操作，如图10-29所示。

图10-28

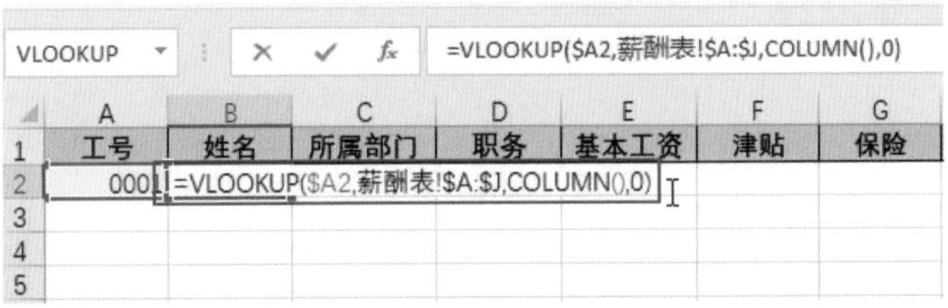

图10-29

VLOOKUP			fx	=VLOOKUP($A2,薪酬表!$A:$J,COLUMN(),0)		
	A	B	C	D	E	F	G
1	工号	姓名	所属部门	职务	基本工资	津贴	保险
2	000	=VLOOKUP($A2,薪酬表!$A:$J,COLUMN(),0)					
3							
4							
5							

Step 05　选中B2单元格，将其向右填充至J2单元格。调整一下A1:J2单元格的格式以及文字对方式，结果如图10-30所示。

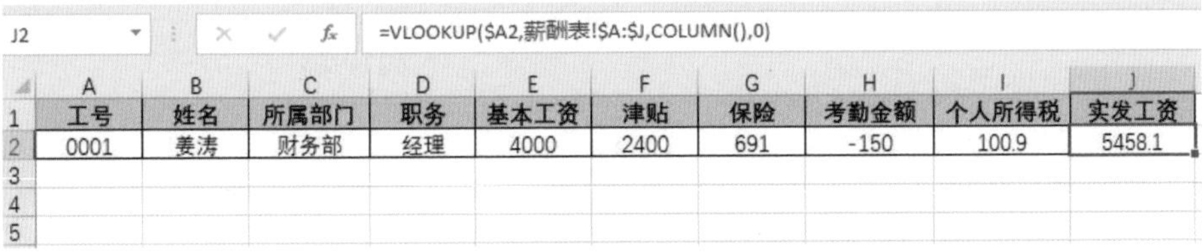

J2			fx	=VLOOKUP($A2,薪酬表!$A:$J,COLUMN(),0)					
	A	B	C	D	E	F	G	H	I	J
1	工号	姓名	所属部门	职务	基本工资	津贴	保险	考勤金额	个人所得税	实发工资
2	0001	姜涛	财务部	经理	4000	2400	691	-150	100.9	5458.1
3										
4										
5										

图10-30

Step 06　选中A1: J3单元格区域，并选中该区域右下角填充柄，向下拖动鼠标至J47单元格，即可批量完成工资条的制作操作，结果如图10-31所示。

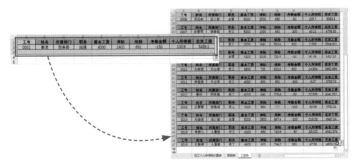

图10-31

Step 07 按【Ctrl+P】组合键进入打印界面,在"设置"列表中将打印方向设为"横向",如图10-32所示。

Step 08 在该界面中单击"页面设置"按钮,打开"页面设置"对话框,切换至"页边距"选项卡,将"居中"方式设为"水平"。选择"工作表"选项卡,勾选"单色打印"复选框,将其设为黑白打印,如图10-33所示。

Step 09 返回至普通视图,选中A37单元格,在"页面布局"选项卡中单击"分隔符"下拉按钮,从列表中选择"插入分页符"选项。进入打印预览页面,此时第12号以后的员工信息将会显示在第2页,如图10-34所示。设置完成后,单击"打印"按钮即可进行打印操作。

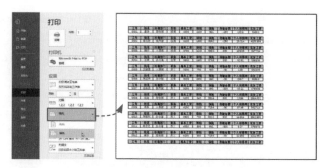

图10-32

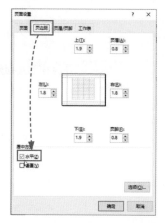
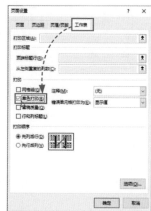

图10-33

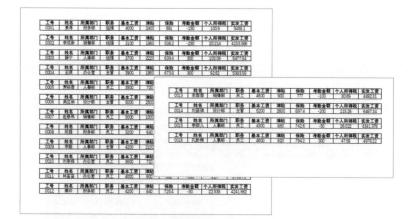

图10-34

210

知识地图

本章对报表打印的一些操作技巧进行了详细的介绍。下面对Excel打印知识进行系统的梳理,希望能够加深读者的印象,提高学习效率。

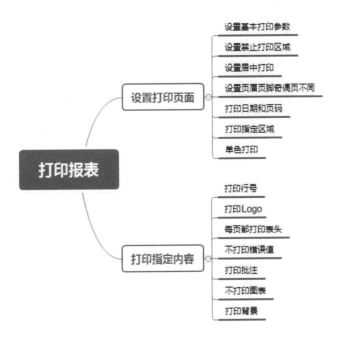

第11章

协同办公效率高

在工作中，我们不可能只使用Excel，有时还需要用Word来处理文字，用PPT来制作课件。这几个组件在各自领域中都发挥着强大的功能，如果将这几个组件进行协同办公，工作效率更会大大提升！

11.1　Excel与Word协作应用

Excel主要用来处理分析数据，用户可以将其与Word协作应用，以达到想要的效果。例如，Excel表格导入Word、Word数据导入Excel、在Word中插入Excel数据表。

11.1.1　Excel表格完美导入Word

▶扫一扫　看视频◀

用户可以将Excel表格导入Word，在文档中展示表格内容。首先打开一个Word文档，在"插入"选项卡中单击"对象"下拉按钮，从列表中选择"对象"选项，如图11-1所示。打开"对象"对话框，选择"由文件创建"选项卡，从中单击"浏览"按钮，打开"浏览"对话框，选择需要的Excel文件，单击"插入"按钮，如图11-2所示。

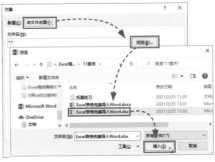

图11-1　　　　　　　　　　　　　　　　图11-2

返回"对象"对话框，勾选"链接到文件"复选框，单击"确定"按钮，如图11-3所示，即可将所选Excel表格导入Word文档中。用户双击Word中的Excel表格可以打开其链接到的工作簿，如图11-4所示。当修改Excel工作簿中的数据后，Word中表格数据也会进行相应的更新。

经验之谈

当导入的工作簿中有多个工作表时，Word中只会显示工作簿中打开的工作表的内容。

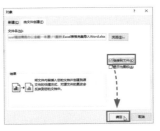

图11-3　　　　　　　　　　　图11-4

11.1.2　Word数据导入Excel

如果用户需要将Word数据导入Excel中，则先打开Word文档，选择表格数据，在"开始"选项卡中单击"复制"按钮,如图11-5所示,复制数据。然后打开Excel表格,选择A1单元格,按【Ctrl+V】组合键粘贴数据,并单击弹出的"粘贴选项"按钮,从列表中选择"保留源格式"选项,即可将Word中的数据导入Excel表格中,如图11-6所示。

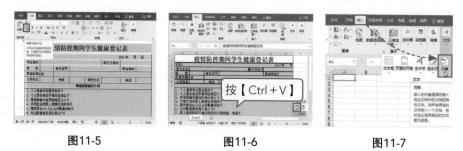

图11-5　　　　　　　图11-6　　　　　　　图11-7

此外,在Excel表格中打开"插入"选项卡,单击"对象"按钮,如图11-7所示,打开"对象"对话框,选择"由文件创建"选项卡,单击"浏览"按钮,打开"浏览"对话框,从中选择Word文档,单击"插入"按钮,返回"对象"对话框,勾选"链接到文件"复选框,如图11-8所示。单击"确定"按钮,即可将所选的Word文档中的数据导入Excel表格中,用户双击数据区域任意位置,即可打开链接的Word文档,如图11-9所示。

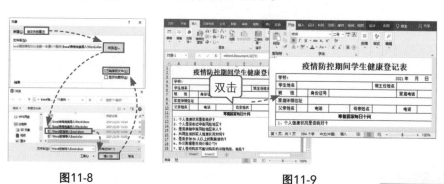

图11-8　　　　　　　　　　图11-9

11.1.3　在Word中插入Excel数据表

在Word文档中一般插入表格来组织文档中的信息内容,但用户也可

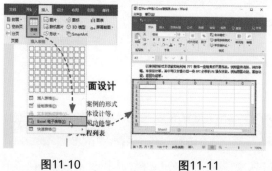

图11-10　　　　　图11-11

以插入一个Excel工作表来编辑数据。首先打开Word文档,在"插入"选项卡中,单击"表格"下拉按钮,从列表中选择"Excel电子表格"选项,如图11-10所示,即可在Word文档中插入一个空白Excel工作表,并且Word文档中的功能区转换成Excel功能区,如图11-11所示。

▶扫一扫　看视频◀

用户在工作表中输入相关数据,对数据进行编辑操作后,在Word文档的空白处单击鼠标就可以退出编辑状态,此时Excel功能区重新转换为Word功能区,如图11-12所示。

如果用户需要对表格中的数据进行再次编辑,则可以在表格上方双击鼠标,即可重新进入Excel表格编辑状态。

图11-12

经验之谈

当进入Excel表格编辑状态时,用户可以将鼠标光标放在工作表周围任意黑色小方块上,按住鼠标左键不放,拖动鼠标,改变工作表的大小。

11.2 Excel与PowerPoint协作应用

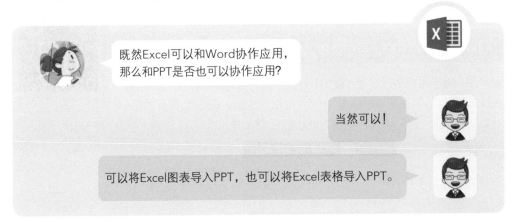

既然Excel可以和Word协作应用,那么和PPT是否也可以协作应用?

当然可以!

可以将Excel图表导入PPT,也可以将Excel表格导入PPT。

11.2.1 将Excel图表导入PPT

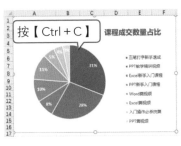

图11-13

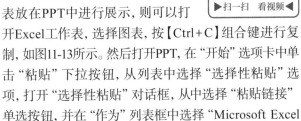

▶扫一扫　看视频◀

如果用户需要将Excel中的图表放在PPT中进行展示,则可以打开Excel工作表,选择图表,按【Ctrl+C】组合键进行复制,如图11-13所示。然后打开PPT,在"开始"选项卡中单击"粘贴"下拉按钮,从列表中选择"选择性粘贴"选项,打开"选择性粘贴"对话框,从中选择"粘贴链接"单选按钮,并在"作为"列表框中选择"Microsoft Excel

图表对象"选项，单击"确定"按钮，如图11-14所示，即可将Excel中的图表导入PPT中，如图11-15所示。用户双击PPT中的图表，即可打开Excel工作簿，在工作表中可以对图表数据进行修改。

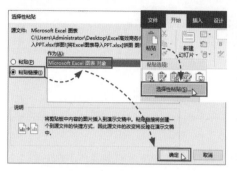

图11-14

图11-15

 注意事项 如果用户直接复制工作表中的图表，然后打开PPT，按【Ctrl + V】组合键进行粘贴，则图表的颜色会发生改变。

11.2.2 将Excel表格导入PPT

▶扫一扫 看视频◀

用户除了可以将图表导入PPT中外，还可以将Excel表格导入PPT。打开PPT，在"插入"选项卡中单击"对象"按钮，如图11-16所示。打开"插入对象"对话框，选择"由文件创建"单选按钮，然后单击"浏览"按钮，如图11-17所示。

打开"浏览"对话框，从中选择Excel工作表，单击"确定"按钮，如图11-18所示。返回"插入对象"对话框，勾选"链接"复选框，单击"确定"按钮，即可将所选的Excel表格导入PPT中，如图11-19所示。

图11-16

图11-17

图11-18

图11-19

此外，用户在Excel表格中选择数据区域，按【Ctrl+C】组合键进行复制，然后打开PPT，在"开始"选

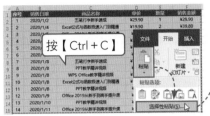 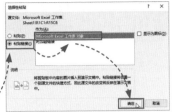

图11-20　　　　　图11-21

项卡中单击"粘贴"下拉按钮，从列表中选择"选择性粘贴"选项，如图11-20所示。打开"选择性粘贴"对话框，从中选择"粘贴链接"单选按钮，并选择"Microsoft Excel工作表对象"选项，单击"确定"按钮，如图11-21所示，也可以将Excel表格导入PPT中。

拓展练习：在PPT中创建图表

如果需要在PPT中插入图表，用户除了选择将Excel中的图表导入PPT中外，还可以直接在PPT中创建一个图表，如图11-22所示。

Step 01　打开PPT，在"插入"选项卡中单击"图表"按钮，打开"插入图表"对话框，从中选择合适的图表类型，单击"确定"按钮，如图11-23所示。

Step 02　在PPT中插入一个图表，并弹出一个Excel工作表，在表格中输入图表的源数据，并删除不需要的系列，如图11-24所示。

Step 03　单击"关闭"按钮，即可在PPT中创建一个图表，用户可以根据需要调整图表的大小，并添加图表元素，美化一下图表。

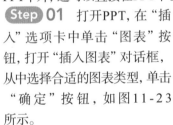

▶扫一扫　看视频

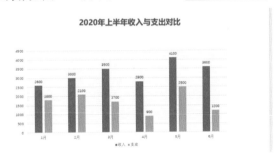

图11-22

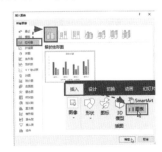 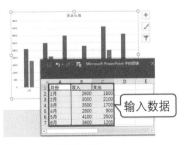

图11-23　　　　　图11-24

知识地图

　　Excel、Word和PPT这三个组件不仅可以单独使用，而且还可以相互协作，提高办公效率。下面着重对Excel与Word之间的协作应用和Excel与PowerPoint之间的协作应用进行梳理，希望能够加深读者的印象，提高学习效率。

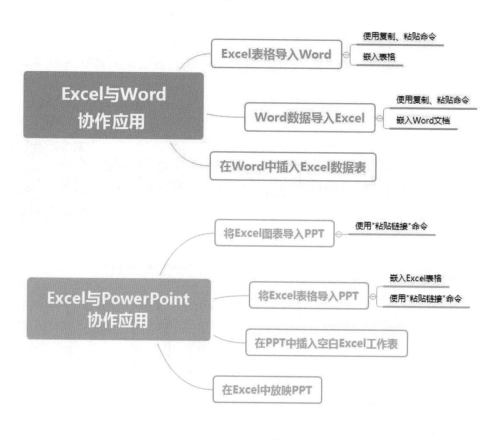

附录

附录A | 常用Excel快捷键一览

功能键

按键	功能描述	按键	功能描述
F1	显示Excel帮助	F7	显示"拼写检查"对话框
F2	编辑活动单元格并将插入点放在单元格内容的结尾	F8	打开或关闭扩展模式
F3	显示"粘贴名称"对话框，仅当工作簿中存在名称时才可用	F9	计算所有打开的工作簿中的所有工作表
F4	重复上一个命令或操作	F10	打开或关闭按键提示
F5	显示"定位"对话框	F11	在单独的图表工作表中创建当前范围内数据的图表
F6	在工作表、功能区、任务窗格和缩放控件之间切换	F12	打开"另存为"对话框

Shift组合功能键

组合键	功能描述
Shift+Alt+F1	插入新的工作表
Shift+F2	添加或编辑单元格批注
Shift+F3	显示"插入函数"对话框
Shift+F6	在工作表、缩放控件、任务窗格和功能区之间切换
Shift+F8	使用箭头键将非邻近单元格或区域添加到单元格的选定范围中
Shift+F9	计算活动工作表
Shift+F10	显示选定项目的快捷菜单
Shift+F11	插入一个新工作表
Shift+Enter	完成单元格输入并选择上面的单元格

Ctrl组合功能键

组合键	功能描述	组合键	功能描述
Ctrl+1	显示"单元格格式"对话框	Ctrl+2	应用或取消加粗格式设置
Ctrl+3	应用或取消倾斜格式设置	Ctrl+4	应用或取消下划线
Ctrl+5	应用或取消删除线	Ctrl+6	在隐藏对象和显示对象之间切换
Ctrl+8	显示或隐藏大纲符号	Ctrl+9(0)	隐藏选定的行(列)
Ctrl+A	选择整个工作表	Ctrl+B	应用或取消加粗格式设置
Ctrl+C	复制选定的单元格	Ctrl+D	使用"向下填充"命令将选定范围内最顶层单元格的内容和格式复制到下面的单元格中
Ctrl+F	执行查找操作	Ctrl+K	为新的超链接显示"插入超链接"对话框,或为选定现有超链接显示"编辑超链接"对话框
Ctrl+G	执行定位操作	Ctrl+L	显示"创建表"对话框
Ctrl+H	执行替换操作	Ctrl+N	创建一个新的空白工作簿
Ctrl+I	应用或取消倾斜格式设置	Ctrl+U	应用或取消下划线
Ctrl+O	执行打开操作	Ctrl+P	执行打印操作
Ctrl+R	使用"向右填充"命令将选定范围最左边单元格的内容和格式复制到右边的单元格中	Ctrl+S	使用当前文件名、位置和文件格式保存活动文件
Ctrl+V	在插入点处插入剪贴板的内容,并替换任何所选内容	Ctrl+W	关闭选定的工作簿窗口
Ctrl+Y	重复上一个命令或操作	Ctrl+Z	执行撤销操作
Ctrl+-	显示用于删除选定单元格的"删除"对话框	Ctrl+;	输入当前日期
Ctrl+Shift+(	取消隐藏选定范围内所有隐藏的行	Ctrl+Shift+&	将外框应用于选定单元格
Ctrl+Shift+%	应用不带小数位的"百分比"格式	Ctrl+Shift+#	应用带有日、月和年的"日期"格式
Ctrl+Shift+^	应用带有两位小数的科学计数格式	Ctrl+Shift+@	应用带有小时和分钟以及AM或PM的"时间"格式

附录B│实用的Excel函数速查

数学与三角函数

函数名称	功能描述
ABS函数	返回数字的绝对值
ACOS函数	返回数字的反余弦值
ACOSH函数	返回数字的反双曲余弦值
AGGREGATE函数	返回列表或数据库中的聚合
ASIN函数	返回数字的反正弦值
ASINH函数	返回数字的反双曲正弦值
ATAN函数	返回数字的反正切值
ATAN2函数	返回X和Y坐标的反正切值
ATANH函数	返回数字的反双曲正切值
CEILING函数	将数字舍入为最接近的整数或最接近的指定基数的倍数
CEILING.PRECISE函数	将数字舍入为最接近的整数或最接近的指定基数的倍数。无论该数字的符号如何,该数字都向上舍入
COMBIN函数	返回给定数目对象的组合数
COS函数	返回数字的余弦值
COSH函数	返回数字的双曲余弦值
DEGREES函数	将弧度转换为度
EVEN函数	将数字向上舍入到最接近的偶数
EXP函数	返回e的n次方
FACT函数	返回数字的阶乘
FACTDOUBLE函数	返回数字的双倍阶乘
FLOOR函数	向绝对值减小的方向舍入数字
FLOOR.PRECISE函数	将数字向下舍入为最接近的整数或最接近的指定基数的倍数。无论该数字的符号如何,该数字都向下舍入
GCD函数	返回最大公约数
INT函数	将数字向下舍入到最接近的整数
ISO.CEILING函数	返回向上舍入到最接近的整数或最接近的指定基数的倍数的数字

函数名称	功能描述
LCM函数	返回最小公倍数
LN函数	返回数字的自然对数
LOG函数	返回数字的以指定底为底的对数
LOG10函数	返回数字的以10为底的对数
MDETERM函数	返回数组的矩阵行列式的值
MINVERSE函数	返回数组的逆矩阵
MMULT函数	返回两个数组的矩阵乘积
MOD函数	返回除法的余数
MROUND函数	返回一个舍入到所需倍数的数字
MULTINOMIAL函数	返回一组数字的多项式
ODD函数	将数字向上舍入为最接近的奇数
PI函数	返回pi的值
POWER函数	返回数的乘幂
PRODUCT函数	将其参数相乘
QUOTIENT函数	返回除法的整数部分
RADIANS函数	将度转换为弧度
RAND函数	返回0和1之间的一个随机数
RANDBETWEEN函数	返回位于两个指定数之间的一个随机数
ROMAN函数	将阿拉伯数字转换为文本式罗马数字
ROUND函数	将数字按指定位数舍入
ROUNDDOWN函数	向绝对值减小的方向舍入数字
ROUNDUP函数	向绝对值增大的方向舍入数字
SERIESSUM函数	返回基于公式的幂级数的和
SIGN函数	返回数字的符号
SIN函数	返回给定角度的正弦值
SINH函数	返回数字的双曲正弦值
SQRT函数	返回正平方根
SQRTPI函数	返回某数与pi的乘积的平方根
SUBTOTAL函数	返回列表或数据库中的分类汇总

函数名称	功能描述
SUM函数	求参数的和
SUMIF函数	按给定条件对指定单元格求和
SUMIFS函数	在区域中添加满足多个条件的单元格
SUMPRODUCT函数	返回对应的数组元素的乘积和
SUMSQ函数	返回参数的平方和
SUMX2MY2函数	返回两数组中对应值平方差之和
SUMX2PY2函数	返回两数组中对应值的平方和之和
SUMXMY2函数	返回两个数组中对应值差的平方和
TAN函数	返回数字的正切值
TANH函数	返回数字的双曲正切值
TRUNC函数	将数字截尾取整

日期与时间函数

函数名称	功能描述
DATE函数	返回特定日期的序列号
DATEVALUE函数	将文本格式的日期转换为序列号
DAY函数	将序列号转换为月份日期
DAYS360函数	以一年360天为基准计算两个日期间的天数
EDATE函数	返回用于表示开始日期之前或之后月数的日期的序列号
EOMONTH函数	返回指定月数之前或之后的月份的最后一天的序列号
HOUR函数	将序列号转换为小时
MINUTE函数	将序列号转换为分钟
MONTH函数	将序列号转换为月
NETWORKDAYS函数	返回两个日期间的全部工作日数
NETWORKDAYS.INTL函数	使用参数指明周末的日期和天数,从而返回两个日期间的全部工作日数
NOW函数	返回当前日期和时间的序列号
SECOND函数	将序列号转换为秒
TIME函数	返回特定时间的序列号

函数名称	功能描述
TIMEVALUE函数	将文本格式的时间转换为序列号
TODAY函数	返回今天日期的序列号
WEEKDAY函数	将序列号转换为星期日期
WEEKNUM函数	将序列号转换为代表该星期为一年中第几周的数字
WORKDAY函数	返回指定的若干个工作日之前或之后的日期的序列号
WORKDAY.INTL函数	使用参数指明周末的日期和天数，从而返回指定的若干个工作日之前或之后的日期的序列号
YEAR函数	将序列号转换为年
YEARFRAC函数	返回代表start_date和end_date之间整天天数的年分数

查找与引用函数

函数名称	功能描述
ADDRESS函数	以文本形式将引用值返回到工作表的单个单元格
AREAS函数	返回引用中涉及的区域个数
CHOOSE函数	从值的列表中选择值
COLUMN函数	返回引用的列号
COLUMNS函数	返回引用中包含的列数
GETPIVOTDATA函数	返回存储在数据透视表中的数据
HLOOKUP函数	查找数组的首行，并返回指定单元格的值
HYPERLINK函数	创建快捷方式或跳转，以打开存储在网络服务器、Intranet或Internet上的文档
INDEX函数	使用索引从引用或数组中选择值
INDIRECT函数	返回由文本值指定的引用
LOOKUP函数	在向量或数组中查找值
MATCH函数	在引用或数组中查找值
OFFSET函数	从给定引用中返回引用偏移量
ROW函数	返回引用的行号
ROWS函数	返回引用中的行数

续表

函数名称	功能描述
RTD函数	从支持COM自动化的程序中检索实时数据
TRANSPOSE函数	返回数组的转置
VLOOKUP函数	在数组第一列中查找，然后在行之间移动以返回单元格的值

逻辑函数

函数名称	功能描述
AND函数	如果其所有参数均为TRUE，则返回TRUE
FALSE函数	返回逻辑值FALSE
IF函数	指定要执行的逻辑检测
IFERROR函数	如果公式的计算结果错误，则返回指定的值；否则返回公式的结果
NOT函数	对其参数的逻辑求反
OR函数	如果任一参数为TRUE，则返回TRUE
TRUE函数	返回逻辑值TRUE

财务函数

函数名称	功能描述
ACCRINT函数	返回定期支付利息的债券的应计利息
ACCRINTM函数	返回在到期日支付利息的债券的应计利息
AMORDEGRC函数	返回使用折旧系数的每个记账期的折旧值
AMORLINC函数	返回每个记账期的折旧值
COUPDAYBS函数	返回从付息期开始到结算日之间的天数
COUPDAYS函数	返回包含结算日的付息期天数
COUPDAYSNC函数	返回从结算日到下一付息日之间的天数
COUPNCD函数	返回结算日之后的下一个付息日
COUPNUM函数	返回结算日和到期日之间的应付利息次数
COUPPCD函数	返回结算日之前的上一付息日
CUMIPMT函数	返回两个付款期之间累积支付的利息
CUMPRINC函数	返回两个付款期之间为贷款累积支付的本金

函数名称	功能描述
DB函数	使用固定余额递减法，返回一笔资产在给定期间内的折旧值
DDB函数	使用双倍余额递减法或其他指定方法，返回一笔资产在给定期间内的折旧值
DISC函数	返回债券的贴现率
DOLLARDE函数	将以分数表示的价格转换为以小数表示的价格
DOLLARFR函数	将以小数表示的价格转换为以分数表示的价格
DURATION函数	返回定期支付利息的债券的每年期限
EFFECT函数	返回年有效利率
FV函数	返回一笔投资的未来值
FVSCHEDULE函数	返回应用一系列复利率计算的初始本金的未来值
INTRATE函数	返回完全投资型债券的利率
IPMT函数	返回一笔投资在给定期间内支付的利息
IRR函数	返回一系列现金流的内部收益率
ISPMT函数	计算特定投资期内要支付的利息
MDURATION函数	返回假设面值为¥100的有价证券的Macauley修正期限
MIRR函数	返回正和负现金流以不同利率进行计算的内部收益率
NOMINAL函数	返回年度的名义利率
NPER函数	返回投资的期数
NPV函数	返回基于一系列定期的现金流和贴现率计算的投资的净现值
ODDFPRICE函数	返回每张票面为¥100且第一期为奇数的债券的现价
ODDFYIELD函数	返回第一期为奇数的债券的收益
ODDLPRICE函数	返回每张票面为¥100且最后一期为奇数的债券的现价
ODDLYIELD函数	返回最后一期为奇数的债券的收益
PMT函数	返回年金的定期支付金额
PPMT函数	返回一笔投资在给定期间内偿还的本金
PRICE函数	返回每张票面为¥100且定期支付利息的债券的现价
PRICEDISC函数	返回每张票面为¥100的已贴现债券的现价
PRICEMAT函数	返回每张票面为¥100且在到期日支付利息的债券的现价

续表

函数名称	功能描述
PV函数	返回投资的现值
RATE函数	返回年金的各期利率
RECEIVED函数	返回完全投资型债券在到期日收回的金额
SLN函数	返回固定资产的每期线性折旧费
SYD函数	返回某项固定资产按年限总和折旧法计算的每期折旧金额
TBILLEQ函数	返回国库券的等价债券收益
TBILLPRICE函数	返回面值¥100的国库券的价格
TBILLYIELD函数	返回国库券的收益率
VDB函数	使用余额递减法,返回一笔资产在给定期间或部分期间内的折旧值
XIRR函数	返回一组现金流的内部收益率,这些现金流不一定定期发生
XNPV函数	返回一组现金流的净现值,这些现金流不一定定期发生
YIELD函数	返回定期支付利息的债券的收益
YIELDDISC函数	返回已贴现债券的年收益,例如,短期国库券
YIELDMAT函数	返回在到期日支付利息的债券的年收益

信息函数

函数名称	功能描述
CELL函数	返回有关单元格格式、位置或内容的信息
ERROR.TYPE函数	返回对应于错误类型的数字
INFO函数	返回有关当前操作环境的信息
ISBLANK函数	如果值为空,则返回TRUE
ISERR函数	如果值为除#N/A以外的任何错误值,则返回TRUE
ISERROR函数	如果值为任何错误值,则返回TRUE
ISEVEN函数	如果数字为偶数,则返回TRUE
ISLOGICAL函数	如果值为逻辑值,则返回TRUE
ISNA函数	如果值为错误值#N/A,则返回TRUE
ISNONTEXT函数	如果值不是文本,则返回TRUE
ISNUMBER函数	如果值为数字,则返回TRUE

函数名称	功能描述
ISODD函数	如果数字为奇数, 则返回TRUE
ISREF函数	如果值为引用值, 则返回TRUE
ISTEXT函数	如果值为文本, 则返回TRUE
N函数	返回转换为数字的值
NA函数	返回错误值#N/A
TYPE函数	返回表示值的数据类型的数字

统计函数

函数名称	功能描述
AVEDEV函数	返回数据点与它们的平均值的绝对偏差平均值
AVERAGE函数	返回其参数的平均值
AVERAGEA函数	返回其参数的平均值, 包括数字、文本和逻辑值
AVERAGEIF函数	返回区域中满足给定条件的所有单元格的平均值 (算术平均值)
AVERAGEIFS函数	返回满足多个条件的所有单元格的平均值 (算术平均值)
BETA.DIST函数	返回Beta累积分布函数
BETA.INV函数	返回指定Beta分布的累积分布函数的反函数
BINOM.DIST函数	返回二项式分布的概率值
BINOM.INV函数	返回使累积二项式分布小于或等于临界值的最小值
CHISQ.DIST函数	返回累积Beta概率密度函数
CHISQ.DIST.RT函数	返回X^2分布的单尾概率
CHISQ.INV函数	返回累积Beta概率密度函数
CHISQ.INV.RT函数	返回X^2分布的单尾概率的反函数
CHISQ.TEST函数	返回独立性检验值
CONFIDENCE.NORM函数	返回总体平均值的置信区间
CONFIDENCE.T函数	返回总体平均值的置信区间 (使用学生的t分布)
CORREL函数	返回两个数据集之间的相关系数
COUNT函数	计算参数列表中数字的个数
COUNTA函数	计算参数列表中值的个数

续表

函数名称	功能描述
COUNTBLANK函数	计算区域内空白单元格的数量
COUNTIF函数	计算区域内符合给定条件的单元格的数量
COUNTIFS函数	计算区域内符合多个条件的单元格的数量
COVARIANCE.P函数	返回协方差 (成对偏差乘积的平均值)
COVARIANCE.S函数	返回样本协方差, 即两个数据集中每对数据点的偏差乘积的平均值
DEVSQ函数	返回偏差的平方和
EXPON.DIST函数	返回指数分布
F.DIST函数	返回F概率分布
F.DIST.RT函数	返回F概率分布
F.INV函数	返回F概率分布的反函数
F.INV.RT函数	返回F概率分布的反函数
F.TEST函数	返回F检验的结果
FISHER函数	返回Fisher变换值
FISHERINV函数	返回Fisher变换的反函数
FORECAST函数	返回沿线性趋势的值
FREQUENCY函数	以垂直数组的形式返回频率分布
GAMMA.DIST函数	返回γ分布
GAMMA.INV函数	返回γ累积分布函数的反函数
GAMMALN函数	返回γ函数的自然对数, $\Gamma(x)$
GAMMALN.PRECISE函数	返回γ函数的自然对数, $\Gamma(x)$
GEOMEAN函数	返回几何平均值
GROWTH函数	返回沿指数趋势的值
HARMEAN函数	返回调和平均值
HYPGEOM.DIST函数	返回超几何分布
INTERCEPT函数	返回线性回归线的截距
KURT函数	返回数据集的峰值
LARGE函数	返回数据集中第k个最大值

续表

函数名称	功能描述
LINEST函数	返回线性趋势的参数
LOGEST函数	返回指数趋势的参数
LOGNORM.DIST函数	返回对数累积分布函数
LOGNORM.INV函数	返回对数累积分布的反函数
MAX函数	返回参数列表中的最大值
MAXA函数	返回参数列表中的最大值, 包括数字、文本和逻辑值
MEDIAN函数	返回给定数值集合的中值
MIN函数	返回参数列表中的最小值
MINA函数	返回参数列表中的最小值, 包括数字、文本和逻辑值
MODE.MULT函数	返回一组数据或数据区域中出现频率最高或重复出现的数值的垂直数组
MODE.SNGL函数	返回在数据集内出现次数最多的值
NEGBINOM.DIST函数	返回负二项式分布
NORM.DIST函数	返回正态累积分布
NORM.INV函数	返回标准正态累积分布的反函数
NORM.S.DIST函数	返回标准正态累积分布
NORM.S.INV函数	返回标准正态累积分布函数的反函数
PEARSON函数	返回Pearson乘积矩相关系数
PERCENTILE.EXC函数	返回某个区域中的数值的第k个百分点值, 此处k的范围为0~1 (不含0和1)
PERCENTILE.INC函数	返回区域中数值的第k个百分点的值
PERCENTRANK.EXC函数	将某个数值在数据集中的排位作为数据集的百分点值返回, 此处的百分点值的范围为0~1 (不含0和1)
PERCENTRANK.INC函数	返回数据集中值的百分比排位
PERMUT函数	返回给定数目对象的排列数
POISSON.DIST函数	返回泊松分布
PROB函数	返回区域中的数值落在指定区间内的概率
QUARTILE.EXC函数	基于百分点值返回数据集的四分位, 此处的百分点值的范围为0~1 (不含0和1)

续表

函数名称	功能描述
QUARTILE.INC函数	返回一组数据的四分位点
RANK.AVG函数	返回一列数字的数字排位
RANK.EQ函数	返回一列数字的数字排位
RSQ函数	返回Pearson乘积矩相关系数的平方
SKEW函数	返回分布的不对称度
SLOPE函数	返回线性回归线的斜率
SMALL函数	返回数据集中的第k个最小值
STANDARDIZE函数	返回正态化数值
STDEV.P函数	基于整个样本总体计算标准偏差
STDEV.S函数	基于样本估算标准偏差
STDEVA函数	基于样本（包括数字、文本和逻辑值）估算标准偏差
STDEVPA函数	基于总体（包括数字、文本和逻辑值）计算标准偏差
STEYX函数	返回通过线性回归法预测每个x的y值时所产生的标准误差
T.DIST函数	返回学生的t分布的百分点（概率）
T.DIST.2T函数	返回学生的t分布的百分点（概率）
T.DIST.RT函数	返回学生的t分布
T.INV函数	返回作为概率和自由度函数的学生t分布的t值
T.INV.2T函数	返回学生的t分布的反函数
TREND函数	返回沿线性趋势的值
TRIMMEAN函数	返回数据集的内部平均值
T.TEST函数	返回与学生的t检验相关的概率
VAR.P函数	计算基于样本总体的方差
VAR.S函数	基于样本估算方差
VARA函数	基于样本（包括数字、文本和逻辑值）估算方差
VARPA函数	计算基于总体（包括数字、文本和逻辑值）的标准偏差
WEIBULL.DIST函数	返回Weibull分布
Z.TEST函数	返回z检验的单尾概率值

文本函数

函数名称	功能描述
ASC函数	将字符串中的全角（双字节）英文字母或片假名更改为半角（单字节）字符
BAHTTEXT函数	使用ß（泰铢）货币格式将数字转换为文本
CHAR函数	返回由代码数字指定的字符
CLEAN函数	删除文本中所有非打印字符
CODE函数	返回文本字符串中第一个字符的数字代码
CONCATENATE函数	将几个文本项合并为一个文本项
DOLLAR函数	使用$（美元）货币格式将数字转换为文本
EXACT函数	检查两个文本值是否相同
FIND、FINDB函数	在一个文本值中查找另一个文本值（区分大小写）
FIXED函数	将数字格式设置为具有固定小数位数的文本
JIS函数	将字符串中的半角（单字节）英文字母或片假名更改为全角（双字节）字符
LEFT、LEFTB函数	返回文本值中最左边的字符
LEN、LENB函数	返回文本字符串中的字符个数
LOWER函数	将文本转换为小写
MID、MIDB函数	从文本字符串中的指定位置起返回特定个数的字符
PHONETIC函数	提取文本字符串中的拼音（汉字注音）字符
PROPER函数	将文本值的每个字的首字母大写
REPLACE、REPLACEB函数	替换文本中的字符
REPT函数	按给定次数重复文本
RIGHT、RIGHTB函数	返回文本值中最右边的字符
SEARCH、SEARCHB函数	在一个文本值中查找另一个文本值（不区分大小写）
SUBSTITUTE函数	在文本字符串中用新文本替换旧文本
T函数	将参数转换为文本
TEXT函数	设置数字格式并将其转换为文本

续表

函数名称	功能描述
TRIM函数	删除文本中的空格
UPPER函数	将文本转换为大写形式
VALUE函数	将文本参数转换为数字

工程函数

函数名称	功能描述
BESSELI函数	返回修正的贝赛耳函数In(x)
BESSELJ函数	返回贝赛耳函数Jn(x)
BESSELK函数	返回修正的贝赛耳函数Kn(x)
BESSELY函数	返回贝赛耳函数Yn(x)
BIN2DEC函数	将二进制数转换为十进制数
BIN2HEX函数	将二进制数转换为十六进制数
BIN2OCT函数	将二进制数转换为八进制数
COMPLEX函数	将实系数和虚系数转换为复数
CONVERT函数	将数字从一种度量系统转换为另一种度量系统
DEC2BIN函数	将十进制数转换为二进制数
DEC2HEX函数	将十进制数转换为十六进制数
DEC2OCT函数	将十进制数转换为八进制数
DELTA函数	检验两个值是否相等
ERF函数	返回误差函数
ERF.PRECISE函数	返回误差函数
ERFC函数	返回互补误差函数
ERFC.PRECISE函数	返回从x到无穷大积分的互补ERF函数
GESTEP函数	检验数字是否大于阈值
HEX2BIN函数	将十六进制数转换为二进制数
HEX2DEC函数	将十六进制数转换为十进制数
HEX2OCT函数	将十六进制数转换为八进制数

续表

函数名称	功能描述
IMABS函数	返回复数的绝对值(模数)
IMAGINARY函数	返回复数的虚系数
IMARGUMENT函数	返回参数theta,即以弧度表示的角
IMCONJUGATE函数	返回复数的共轭复数
IMCOS函数	返回复数的余弦
IMDIV函数	返回两个复数的商
IMEXP函数	返回复数的指数
IMLN函数	返回复数的自然对数
IMLOG10函数	返回复数的以10为底的对数
IMLOG2函数	返回复数的以2为底的对数
IMPOWER函数	返回复数的整数幂
IMPRODUCT函数	返回从2到255的复数的乘积
IMREAL函数	返回复数的实系数
IMSIN函数	返回复数的正弦
IMSQRT函数	返回复数的平方根
IMSUB函数	返回两个复数的差
IMSUM函数	返回多个复数的和
OCT2BIN函数	将八进制数转换为二进制数
OCT2DEC函数	将八进制数转换为十进制数
OCT2HEX函数	将八进制数转换为十六进制数

数据库函数

函数名称	功能描述
DAVERAGE函数	返回所选数据库条目的平均值
DCOUNT函数	计算数据库中包含数字的单元格的数量
DCOUNTA函数	计算数据库中非空单元格的数量
DGET函数	从数据库提取符合指定条件的单个记录

续表

函数名称	功能描述
DMAX函数	返回所选数据库条目的最大值
DMIN 函数	返回所选数据库条目的最小值
DPRODUCT函数	将数据库中符合条件的记录的特定字段中的值相乘
DSTDEV函数	基于所选数据库条目的样本估算标准偏差
DSTDEVP函数	基于所选数据库条目的样本总体计算标准偏差
DSUM函数	对数据库中符合条件的记录的字段列中的数字求和
DVAR函数	基于所选数据库条目的样本估算方差
DVARP函数	基于所选数据库条目的样本总体计算方差

多维数据集函数

函数名称	功能描述
CUBEKPIMEMBER函数	返回重要性能指示器(KPI)属性,并在单元格中显示KPI名称（KPI是一种用于监控单位绩效的可计量度量值,如每月总利润或季度员工调整）
CUBEMEMBER函数	返回多维数据集中的成员或元组。用于验证多维数据集内是否存在成员或元组
CUBEMEMBERPROPERTY函数	返回多维数据集中成员属性的值。用于验证多维数据集内是否存在某个成员名并返回此成员的指定属性
CUBERANKEDMEMBER函数	返回集合中的第n个或排在一定名次的成员。用来返回集合中的一个或多个元素,如业绩最好的销售人员或前10名的学生
CUBESET函数	定义成员或元组的计算集。方法是向服务器上的多维数据集发送一个集合表达式,此表达式创建集合,并随后将该集合返回到Microsoft Office Excel
CUBESETCOUNT函数	返回集合中的项目数
CUBEVALUE函数	从多维数据集中返回汇总值